凤凰含章

用 心 创 造 现 代 阅 读 之 美

内心极简，幸福极多

〔日〕田口佳史——著
陈雯君——译

江苏凤凰科学技术出版社 • 南京

图书在版编目（CIP）数据

内心极简，幸福极多 /（日）田口佳史著 ；陈雯君译. -- 南京 ：江苏凤凰科学技术出版社，2025. 8.
ISBN 978-7-5713-5021-5

Ⅰ. B848.4-49

中国国家版本馆 CIP 数据核字第 2025XT6281 号

内心极简，幸福极多

著　　者	[日]田口佳史
译　　者	陈雯君
责任编辑	倪　敏
责任设计	蒋佳佳
责任校对	仲　敏
责任监制	方　晨
出版发行	江苏凤凰科学技术出版社
出版社地址	南京市湖南路 1 号 A 楼，邮编：210009
编读信箱	fhhzbook@163.com
出版社网址	http://www.pspress.cn
印　　刷	文畅阁印刷有限公司
开　　本	880 mm × 1 230 mm　1/32
印　　张	6
插　　页	1
字　　数	116 000
版　　次	2025 年 8 月第 1 版
印　　次	2025 年 8 月第 1 次印刷
标准书号	ISBN 978-7-5713-5021-5
定　　价	39.80 元

图书如有印装质量问题，可随时向我社印务部调换。联系电话：（010）64825211。

前言

“我缺乏自信。”

“我感觉接二连三的事情在推着我向前走。”

“我处理不好人际关系。”

“我都这么努力了，却还是得不到自己想要的。”

……

如今，有这样想法的人越来越多。听完我的讲座后，大约有一半的听众会对我敞开心扉，坦言自己正处于这一困境之中。这些人大多努力上进，一直以来兢兢业业，在工作上有所成就。

他们为什么会陷入这一困境？因为他们“不会生活”。

那么怎样才算得上是“会生活”呢？我认为，所谓“会生活”，就是“善于调节自己的内心”。

要知道，正是当下的心境让我们深受折磨、陷入烦恼。当烦恼逐渐散去后，我们再次回顾起那段时光，有时会想：为什么当时的我会为那种事情如此烦恼？这种想法，便是“烦恼源自当下心境”这一说法的有力证明。

我们的苦恼大多起源于“欲望”。然而，我们从未在家庭和学校中学过如何面对欲望。因此，我们并不懂得如何调节自己的内心。

我并不是说不要拥有欲望。相反，拥有欲望是再正常不过的事情，我们的内心存在着各种各样的欲望，像金钱欲、物质欲、色欲、名誉欲、社会存在欲、自我实现欲……人类正因为拥有这些欲望，并且将这些欲望化作“生存动力”，才能延续至今。人类在躲避危险、消除饥饿的同时，建立了一个物质富裕的社会。

但是，我们不应该拥有过度的、不适合自己的欲望，因为这些欲望会给我们带来烦恼。我们一旦想要满足这些过度的欲望，就会与他人产生竞争，尤其会与身边的人产生正面的利益冲突，进而发生摩擦。这样一来，我们就难以处理好人际关系，进而陷入无尽的苦恼之中。

此外，欲望有一个危险的特性，那就是会“不断膨胀”。在欲望的驱使下，我们即使知道不应该这样做，却还是会不由自主地行动起来，想要下定决心“停下脚步”，却再次被欲望推向前方。要知道，欲望的本质就是永不满足。这样一来，我们就会“沦为欲望的奴隶”。更可怕的是，我们自己都没有意识到这一点。因此，我们会在苦恼的泥潭中越陷越深，得不到任何成就感。

对我们来说，最重要的是要将欲望进行整理、分类。我们要思考，哪些欲望并不适合自己，哪些欲望对自身发展有益，哪些欲望应该被舍弃，哪些欲望应该被保留下来……整理、分类之后，我们必须克制那些过度的欲望。

如今，越来越多的年轻人开始学习中国古代典籍《老子》。这一变化，从我的讲座和其他场合中可以了解一二。面对欲望，老子就曾说过："知足常乐。"意思是知道满足，就总是快乐。

我有时也会陷入欲望而苦苦挣扎，但是只要想起这句话，心情就会豁然开朗，仿佛人生真的变得多姿多彩起来。然后，我会对身边的一切人和事物心存感激，从内心深处觉得活着就十分美好了。

一旦拥有了这样的心境，无论你陷入何种困境，都能够百折不挠，甚至能够做到苦中作乐，积极度过每一天。

东方思想认可欲望的存在，也正是因为认可，先贤们才向世人分享了处理各种欲望的方法。可以说，中国古代典籍就是"处理欲望的说明书"。

我之所以写下这本书，是希望正在读这本书的您也能将欲望整理得井井有条，能够做到“会生活”，让大脑和心灵得到放松。我相信您一定可以摆脱烦恼和不安，得到真正的解脱。

如果这本书能对您有所帮助，我将倍感荣幸。

田口佳史

目 录

第一章 烦恼会自然消失

第二章 开启未来新可能

第三章 做一个擅长人际交往的人

第一章

烦恼会自然消失

1 有些事情，发愁也没用

人生往往不会按照自己的计划发展。

人生路上，总会有意想不到的困难出现，还会有各种各样的问题发生。我们背负着各种压力，在前行的路上跌跌撞撞，在对未来的迷茫中苦苦挣扎，在无穷无尽的欲望中越陷越深。因此，许多人会拥有各种各样的苦恼，并深受折磨。这时，大家通常会思考：怎样才能消除烦恼？怎样才能打破负循环，朝积极的方向转变？怎样才能从不安与痛苦中解脱？

这是一种“先产生烦恼，后寻找解决办法”的思维方式。我们既要掌握这种思维方式，还要从中认识到另外一个重点——“不把烦恼视为烦恼”。我们若是能做到这一点，就能真正远离烦恼。

在本章中，我将向大家介绍实现这一目标的方法，但是在此之前，诸位需要明白：那些让你徒增烦恼却无计可施的事情，不能算作“烦恼”。这种情况大致分为三种。

第一种是“容貌焦虑”，比如，身材矮小、头发稀疏，或者不是（传统意义上的）帅哥美女；除此之外，还包括出身、毕业院校等方面的焦虑。

不管我们怎么努力，这些都是无法改变的既定事实。与其浪费时间纠结这些事情，不如用不足之处去激励自己，努力凭借其他优势闯出一方天地。换句话说，我们要将不足之处转化为提升自己的动力。如果能够做到这一点，这些烦恼将不再是烦恼。

第二种是追悔过去之事。在回忆过去时，人们总是美化那条未曾走过的路。举个例子，在幻想当初“如果能就职于一流企业”时，人们总是会认为平行世界里的自己精明强干，可以做出一番成就。想象过后，再看看现实中并不完美的自己，不由得生出几分悔意。

要知道，这种幻想毫无意义。就算当初选择了另外的道路，也不一定能够成功。烦恼的能量十分强大，若是能将其转化为积极能量，便能在职场中披荆斩棘，取得丰硕成果。

第三种便是所谓的杞人忧天，这种烦恼源于胡思乱想、患得患失。

这些对未来的幻想没有明确依据，再怎么惆怅也无济于事。因此，与其担心将来之事，不如专注当下，尽最大努力争取最好结果，这才是明智之举。

希望大家能够好好思考这三种情况。只要避免以上三点，就能大幅减少浪费在烦恼上的精力，并将节省下来的精力转化为积极的“动力”。

2 千里之堤，溃于一蚁之穴

任何问题都不是突然之间冒出来的。在问题发生之前，总会有一些征兆出现。当你隐约感觉到某件事“以后可能会变成麻烦”时，就要把问题扼杀在萌芽阶段。这样一来，那些小问题就不会发展成为让你头疼的大问题。

我们千万不要对问题视若无睹，更不可掉以轻心，认为问题不大就放任不管，或者明明已经意识到了问题的严重性，却迟迟没有行动。这样的话，小问题就会像野草一样疯狂生长。如果不及时将其拔除，将会成为心头之患。

例如，你在某天做了一件可能惹恼他人的事情。这时候，你千万不要太过乐观地认为对方不会生气，或者认为即使对方生气也没什么大不了。要知道，一旦处理不好这件事情，就可能加剧对方的愤怒，最终导致双方的关系破裂。

你也可能会独自一人暗自纠结对方到底有没有生气，但这种方法根本行不通。因为不管你有多在意这件事情，若是你不表现出来，对方便察觉不到你的想法，如果对方真的生气，他的愤怒也不会得到平息。可能你是出于“不想和对方吵架，尽量暗中行事”的想法才这样做，但结果可能会适得其反。

在这种情况下，我建议大家最好能立刻与对方见面。即使对方表示不想见面，你也要厚着脸皮“三顾茅庐”。见面后，你要确认对方是否生气，并坦率地向对方解释：“上次是我做错了，是我说得太过分了。我当时是……”这样一来，既能使对方的怒气有所平息，还能增加对方对你的好感，让对方觉得你在他身上用了心，能够对他坦诚相待。

备受年轻人喜爱的《老子》一书中写道：“天下难事，必作于易；天下大事，必作于细。”意思是天下的难事都是从容易解决的小事发展而成的，天下的大事都是由细微的小事逐渐演变而成的。因此，我们要在事情还没恶化的时候就把问题解决掉。

如果对问题置之不理，它们就会逐步扩张。一旦发现问题出现的迹象，我们就要毫不犹豫地采取行动，将问题扼杀在萌芽阶段。否则，问题将越变越大，在未来给你带来无穷无尽的烦恼。

3 选择面对往往比选择逃避的苦恼更少

人们常说："不祥的预感往往会成真。"

当我们祈祷"事态不要恶化""事情不要失败"时，接下来往往会事与愿违。那么，如果我们祈求"希望一切都顺利"，是否就真的能如愿以偿呢？事实上并非如此，"希望一切都顺利"的潜台词是"希望事情不要变糟"，所以两者的结果可能是一样的。

此外，过度祈求趋吉避凶、坚信自己一定能心想事成也并非好方法。这种想当然的期望没有根据，与那种发自心底的胸有成竹不同，十分容易动摇，因此并不可靠。也就是说，乐观的期望并不能赶走困难和麻烦。那么，我们应该怎么做呢？

在我们面对那些十分棘手的事情时，最好的办法便是坦然面对，摆出"你尽管放马过来"的姿态。这样一来，即使我们真的遇到了困难和麻烦，也能够欣然接受这一现实。因为我们早就做好了迎接困难的准备，这时候困难对我们来说已经不再是什么讨厌的事情了。

每当不祥的预感袭来，我都会大喊 30 次：“你尽管放马过来吧！”这已经成了我的习惯。多亏了这个习惯，现在的我已经可以毫不犹豫地直面问题，不再需要每次都为自己呐喊助威。这种方法十分有效，我建议大家也试一试。

当困难和麻烦来临时，逃避无法解决任何问题。我们只有怀着平静的心情等待问题的降临，才能够冷静地处理问题。

大家不妨也喊一喊：“你尽管放马过来吧！”喊完之后，至少你就不会因为瞻前顾后而苦恼了。

4 放眼于10年后的自己

当我们觉得自己什么都做不好的时候，就会不由自主地与同龄人进行比较。比较一圈后，我们往往会得出结论：自己不如别人。

有些人不愿承认自身的不足，有时就会心生怨怼：为什么那个人比我强？这类人之所以会产生这种困扰，是因为他们在用“现在的自己”进行比较。也就是说，在与那些能力更强、担任更高职位、拥有更高收入或更美满家庭的人相比时，他们大概率会产生羡慕和嫉妒之情。因此，他们会心情低落，甚至会心生绝望，对别人充满敌意。

我想对这些人说：“**你之所以会心生困惑，是因为你在用现在的自己和别人比较。**”如果大家也有这样的烦恼，那么不妨试着让10年后的自己去和别人一决高下。只要你坚信前路一片光明，那么就算当下的你再怎么落魄，也不会对未来产生负面影响。

我在30多岁时，也曾过着一贫如洗的生活。当时的我被刻上“废物”的烙印，受到无数谩骂与白眼。尽管如此，我还是坚信自己10年后一定会大展宏图，所以我一点也不烦恼。

那么，我们要如何去做，才能保证未来的自己可以如愿以偿呢？

关键在于当我们绘制“10年后的自己”这一美好蓝图时，是否拥有一个明确而具体的人生计划，是否为了实现理想而付诸努力。

有了计划，就会改变当下的生活。我们可以将目前的生活视为“走向未来的必经之路”。这样，我们就不会感到痛苦。只要一想到自己是在朝着十年之后的目标努力，我们就会充满干劲。

别再为现在的自己没有别人优秀而烦恼了，将精力投入到规划未来上吧。这样一来，我们会充满积极的动力。

5 人生规划需要更具体而实际

为了提高“10 年后的自己”这一计划的成功概率，我们不能仅仅是模糊地期盼“美好愿望会变成现实”，而是要考虑一些具体、重要的事情。如果只是临渊羡鱼，那么就和宣称“一切随缘，走到哪儿算哪儿”一样，根本不可能帮助我们实现自己的愿望。

愿望能否实现，取决于我们对梦想和欲望的剖析深度，以及愿望与实际情况的契合程度。譬如以下计划：“在多少岁时，我将会担任哪一职务，有多少下属。我的年薪将会达到多少，在什么时候结婚生子，在哪个地区买哪种户型的房子。为了提升自己，我将制订以下学习计划，在休息日……”

制订如此详细的计划，需要花费大量时间。但是，这一计划是基于“10 年后的我肯定会有所成就”这一前提制订而成的，因此它的制订过程会相当有趣。

我们所绘制的蓝图究竟是美好的幻梦，还是真的能成为现实？

虽然未来充满了不确定性，但这一不确定性正是规划的乐趣所在。为了实现自己的 10 年计划，我们应该在规划过程中确认好以下问题。

- 我要在哪个领域做出成绩？
- 在这个领域出人头地，需要拥有哪些能力？
- 时代将会如何发展？
- 应该在什么时候采取怎样的行动？

如果我们能够持续关注这些问题，就能了解到自己在不同时期应该做些什么。我们只要脚踏实地努力 10 年，付出的努力就会有所回报，这就是所谓的天道酬勤。而我们所制订的“10 年后人生规划”，也遵循了这样的原理。

孟子提出应该“先义后利”，意思就是与其考虑短期得失，不如制订长远计划。做好应做之事，成功就会随之而来。

6 制作属于自己的“3650天计划表”

我的人生信条是：只要坚持10年，几乎就能做到任何事情。

1年有365天，10年就是3650天。3650天是如此之长，长到足以支撑我们做好任何事情。特别是在制订考取证书、储备知识等通过学习教材实现的目标时，我们可以很容易制订相应的计划。

我曾与一名40岁的听课生沟通，当我问他未来的打算时，他回答说：“我一直从事财务工作，未来我也想在这条路上继续走下去。”

我问道：“那么，你为什么不考税理士证书[1]呢？”

“我可考不下来。要是能的话，我就不在现在这个公司工作了。”

“你要是能花上10年的时间，肯定就能考下来。”

“啊？10年？”

1 税理士证书，类似于中国的注册税务师执业资格证书。

“如果教材有 3650 页，你每天精读 1 页并吃透里面的内容的话，我保证你 10 年之后一定能通过考试。”

我以这种方式鼓励学生们将考取证书、学习知识等目标纳入自己的未来规划之中，并鼓励他们在 10 年之内将目标变成现实。

不瞒大家说，我在 32 岁的时候决定深入阅读中国的四书五经。当时的我制订了一个“3650 天计划表”，开始努力学习东方文化的相关知识。我算了一下，想要读完四书五经，如果每天阅读 2 页的话，差不多需要 10 年时间。起初我认为完成这一计划几乎是不可能的，但是结局却出乎我的意料——原来这件事情非常容易实现。现在，我会事先列出想要阅读的书籍清单，沿用这种方式来学习各种知识。

可能乍一听这个计划，都会觉得很困难，但是大家如果尝试过就不难发现，这种方法可以帮助我们积累更多知识，养成良好习惯。这样一来，明明一开始只是计划每天阅读 2 页内容，而我们却学会了通过举一反三来提高大部分事情的完成效率，并从这一计划中得到了更多。正在阅读这本书的你，可以尝试一下这种学习方法。

7 不要总与他人比较

我们要想摆脱烦恼，就不能忽视这一点：我们要停止“相对评价”，即万万不可通过与他人相比来判断自己的价值。

然而，当下社会攀比之风盛行。从我们出生的那一刻起，“比较”就成为我们生活的一部分，这件事情就像吃饭一样习以为常。因此，我们根本无法避免与别人在各个方面进行比较。

比较虽然并不一定是坏事，但是，我们要避免盲目对比，不能妄自菲薄，陷入沮丧，或者使自己欲望过剩，心生空虚。对我们来说，最重要的是要拥有竞争对手。与竞争对手进行比较，可以帮助我们认识到自己的不足之处，让我们可以在未来继续与对方切磋比拼。这样一来，我们会铆足了劲去提升自己，而不会心生懈怠。因此，我们无须将比较视为洪水猛兽。最关键的一点是，我们要学会区分导致心情低落、欲望膨胀的负面比较与激发动力的正面比较。

那么，什么是毫无意义的相对评价呢？

从本质上讲，人的个性能力以及事物的价值并不会因为比较对象而发生改变。因此，我们应该进行的是“绝对评价”，而非“相对评价”。

《老子》一书中写道：“天下皆知美之为美，斯恶已。”这句话的意思是，大家交口称赞的美丽，仅限于与丑陋之物相较之时。因此，这种夸赞并不准确。如果有更美之物，当下之美就不再称得上是“美”了。换句话说，通过与其他事物比较来评价自身并没有任何意义。

譬如，当我们为这次工作太困难而烦恼时，此时的判断标准就是跟之前做过的其他相对简单的工作相比。如果我们曾经做过更困难的工作，那么再看眼前的工作，就会觉得十分容易。

如果我们一直像这样进行相对评价，就会错过挑战困难工作的机会。这样一来，我们只能从事简单的工作，长此以往会对自己的能力产生怀疑，最终陷入进退两难的烦恼中。我们的视野会因此变得狭隘，思维也会受限，做事会逐渐变得束手束脚。

无论是在存款的多少、能力的优劣、相貌的美丑、事物的好坏，还是在地位的高低、问题的大小、时间的长短等方面，这条规律皆可适用。我们一旦开始与他人进行比较，就会在喜悦和忧虑之间反复横跳。这样做只会加深我们的烦恼，对自身没有任何好处。

我们要对自己的能力和个性进行绝对评价，并基于评价结

果来追求更高的目标。同时，我们还要深入探究事物的本质，并以此为起点朝着更好的方向出发。这样考虑的话，我们就不会因为比较而感到沮丧或产生嫉妒心理，最终可以进入一个“无竞争的领域”。

也就是说，我们的目标是找准自己的领域和特点，追求“独一无二”的自己。不引入相对评价体系，可以使我们忠于自己的真实欲望，还可以避免在内心深处种下烦恼。这样一来，我们就可以摆脱欲望的枷锁，不受他人评价的束缚，实现真正意义上的自由。

8 崩溃边缘的自救方法

当我们被烦恼萦绕，每天都备感沮丧时，我们可能会感觉自己正处于崩溃的边缘。这时，我们的身体会出现各种反常的情况，例如，不愿起床、没有精神、头痛欲裂、心烦意乱等。

我们为何会如此心烦？又该如何消除这些烦恼？

如果想不再烦恼，就得先找到烦恼的源头。我发现，大家烦恼的原因主要有以下两点，而且这两点特别容易出现在商务人士身上。

第一：总是追求过高的结果。

《老子》中写道："持而盈之，不如其已。"这句话是说，如果杯子里装了满满的水，那么端水的人想要一直拿着杯子，就会不由自主地感到紧张，这样就很容易失去平衡，将水洒出去。如果一开始只倒八分满，就可以端着杯子随心所欲地走来走去。

工作的首要任务是"取得成果"。想要追求更好的结果并非是一件坏事，但是如果过于贪婪，设定过高的目标，就会让自己陷入痛苦之中。挑战本来就是一件痛苦的事，如果再加上未能实现目标的失落情绪，则会使我们深陷烦恼之中。

一般来说，工作主要涉及“能力、精力、努力”三个方面。为了将烦恼扼杀在摇篮之中，我们需要设定与自身相匹配的目标和结果。为此，我们一定要先充分了解自己的能力。自己哪里存在不足？是能力不够，还是不够努力？我们该如何弥补这些不足？如果我们可以事先制订大致计划，就能够避免因盲目挑战过高的目标，而给自己带来过大的压力。

第二：没有鼓励自己。

如果我们已经设定了与自身相匹配的目标和结果，却还是心情低落的话，问题可能出现在“没有鼓励自己”这里。

我年轻的时候也曾充满激情地鼓励自己。那个时候，我一天能喊一百次“我有能力！”“我能行！”之类的话，给自己积极的心理暗示。因此，我深刻地感受到，激励自己能带来不错的效果。如果大家也这样反复鼓励自己，肯定能够振作起来。

9 你真的努力了吗？

我经常听到这样的抱怨："我都这么努力了，却还是得不到别人的认可和评价。"对当事人来说，这的确是一件痛苦的事情。毕竟，努力只有得到了回报，才能算得上有价值。

但是，请大家停下来思考一下——是谁在说"我都这么努力了"呢？是我们自己。这意味着，所谓的"这么努力"其实是一种非常主观的看法。打个比方，领导希望你把某个地方打扫干净，而你接到任务后却拼命打扫另一个毫不相干的地方。从领导的角度来看，你都没完成他给你布置的任务，根本谈不上给你正面评价；但你认为自己明明很努力却没得到认可，不禁产生满腹的疑惑和牢骚。

在现实中，还有许多类似的例子。因此，当你觉得自己的努力没有得到认可时，你需要从客观角度去判断一下你所谓的"努力"是否真的是努力。

也许你会想，可能是周围的人没看出你在努力，也可能是你搞错了努力的领域或方向。但是我们只有仔细观察，才能找出"无人注意你的努力"的真实原因——问题究竟是出自他人还是我们自身。

严格来说，我们之所以会对此产生不满情绪，是因为我们信赖他人，认为他们本应该认可自己的努力。换句话说，这种情绪背后隐藏着对自己的怜惜：我都努力到这个份儿上了，你早就应该认可我的努力了吧？否则，我可太可怜了。

所以，我们最好能从根本上转变自己的思维方式。也就是说，我们要将这种情况当作一次客观审视自己的好机会。**我们要深入挖掘原因，思考接下来该如何努力。**这样，我们的“自我提升机制”就会被激活，进而可以帮助我们走出低谷，重新振作起来。如此一来，我们就能调转努力方向，变成“不用主动去寻求别人的评价，而是让别人主动注意到并认可自己的努力”。当我们引入“自我提升机制”后，别人的评价就变得不再那么重要。想要成长，就必须引入并启动这种“自我提升机制”。

10 复杂问题可以先沉淀一夜

有的时候，生活中会突然出现一些非常棘手的问题，让我们措手不及。有的时候，任务会接二连三地从天而降，使我们忙得“脚不沾地”。在这种情况下，大家不要花费太多时间去发愁。

所谓“操之过急就会败北”。不经过深思熟虑就匆忙行动，只会让自己在困难中越陷越深。所以，不管事情有多紧急，我们都不要急躁。

要想解决问题，最为关键的一步是“先让问题沉淀一夜”。这并不是让你将问题搁置一旁置之不理，而是需要你先思考解决方案的大致框架，给自己一些时间。等到早晨醒来，头脑变得清醒之后，再进一步深入思考。

这样做的好处在于，你所思考的框架会在睡眠中自然而然成型。虽然你的身体处于睡眠状态，但是你的思维并没有停滞。不刻意去思考的话，大脑中的各种想法反而能够逐渐变得条理清晰。

换句话说，在入睡之前努力思考解决方案，在睡梦中将这些零碎的想法紧密连接在一起，可以帮助我们准确地找到克服困难的方法。从这种状态中醒来后，再清醒地思考问题，就能找到明智的解决方案。另外，想要解决问题，我们还必须排除私欲，从客观的角度来审视自己，这一点很重要。

江户时代末期的儒学者佐藤一斋在《言志后录》中写道：“……卧于床上粗略思量，带着思考入睡，次日晨起之时继续思索，定会豁然开朗，柳暗花明……”

当我们遇到困难时，可以在睡前大致思考一下，然后果断关灯入睡，等到第二天早上头脑清醒了再继续思考。这样，也许我们就能够顺利找到解决方法。

而面对亟待解决的问题时，问题越是困难，我们越要“深思熟虑，果断行动”。不要将思考的时间拖得太长，在短短一夜的睡眠中进行深度思考，将有助于我们更好地应对困难。

11 努力工作不代表做父母不尽责

我曾受邀参加某大型企业的培训会，在近 300 名销售面前进行了演讲。在问答环节，有一名女性举手向我提问。她有些犹豫："其实我不知道是否应该在这种场合下问您这个问题。"

紧接着她说："我今天是从鹿儿岛县赶来参加这场培训。我周围几乎没有像我这样生了孩子还工作的女性，所以我总是被周围的人批评。他们也经常在私底下议论我，说我家孩子真可怜。其实，婆婆知道我今天要来东京参加培训，在昨天晚上还说了我一顿，让我考虑好是选择家庭还是选择工作。我真的是一个不称职的母亲吗？"

我听完后毫不犹豫地回答："你是一位极为罕见的出色的母亲。"

听到我的回答后，她表示非常惊讶。

我接着说："你能在公司的培训中提出这个困扰自己许久的问题，不正是证明了你在非常用心地为孩子考虑，并且对孩子的关注已经超过了对工作的关注吗？你和孩子在一起的时间可能很短，但你们的心是永远连在一起的。这对孩子来说是多么宝贵啊！所以我认为，你是一位非常出色的母亲。”

话音刚落，会场就响起了雷鸣般的掌声！甚至有些女性听众一边流着眼泪，一边走上台来与我握手。显然，她们也正处于相同的困境之中。

这一道理同样适用于需要养家糊口的父亲。上班会占用照顾孩子的时间，所以有很多人会觉得自己没有尽到做父母的责任。从某种意义上说，希望成为好爸爸、好妈妈也是我们的欲望之一。但是，我们没有必要为此而烦恼。**那些因为没有时间陪伴孩子而深感自责的人，其实都是时刻挂念孩子的优秀父母。**希望这些父母不再自责，继续在职业道路上坚定地走下去。

12 照顾父母有助于提高自信

最近，越来越多的人因照顾年迈父母而深陷苦恼之中。如果将工作摆在第一位，就难以面面俱到地照顾父母；如果将父母摆在第一位，就可能影响工作，进而影响自己的收入。因此，许多人在父母与工作两者的选择中犹豫不决，摇摆不定。

“平衡工作和照顾父母”并不是一件容易的事。虽然有些公司会实行缩短工时制，为员工提供父母护理假，甚至提供可以调动到能够按时下班岗位的机会，但很少有员工能够主动抓住这些机会。

或许是因为大家都认为，因照顾父母而耽误工作是一种不负责任的表现，给身边的人带来麻烦会让自己产生负罪感。这种想法大错特错。人生的要义在于“为社会、为他人尽一份力”，从这一点上来看，工作和照顾父母具有同等的价值。另外，我们不应将照顾父母视为“家庭私事”和“棘手的麻烦事”。我们要认识到，“造福个人”和“造福社会的工作”有着相同的价值。

话说回来，我们的确很难在工作和照顾父母这两项光荣的任务中取得平衡。当人到了一定年纪，可能会做出“为了照顾多年来任劳任怨的妻子而辞去工作”之类的决定。但若是换成年轻人，他们就不太可能做出如此决定。即便如此，我仍建议大家减少工作在生活中的占比，将更多时间花在照顾父母上。

在这段时间里，我们大可坦然地接受社会和公司对我们的帮助。而且，照顾父母也不一定会影响自己的工作。相反，这段经历可能会为自己的工作带来积极的影响。事实上，**许多用心照顾父母、为父母养老送终的人在日后的工作中都取得了显著的成就**。完成照顾父母这一光荣的任务，成就了他们一生的荣耀与自信。

照顾父母就像工作一样，可以从中积累宝贵的经验。甚至可以说，我们从照顾父母中所收获的要比工作多得多。即使公司要求员工将工作摆在第一位，我们也应该迎难而上，将照顾父母纳入自己的生活中。这样一来，会有更多人赞同“照顾父母是一种有社会价值的工作”，并引以为荣；社会和公司也会慢慢转变态度，开始支持员工花精力照顾父母。

不过，我们一定不要贪心。如果既想照顾好父母，又想在工作中做出很大成绩，那么最后反而会什么都做不好，白白浪费自己的时间。

13 若是胸怀大志，便能苦中作乐

“我找不到努力的意义。”

我们如果有了这种烦恼，就会陷入以下困境中：不管怎么挣扎，都找不到烦恼的出口。反过来说，如果知道自己在朝着什么方向努力，就能轻而易举地找到烦恼的出口。在接下来的日子里，我们只需要朝着出口的方向前进就行。在这一过程中，我们可能会心生烦恼，变得十分忙碌，却不会感到痛苦。因为我们相信，只要熬过这段日子，就能迎接美好的未来，这也是我们能坚持下来的原因。

总的来说，苦也是乐的一部分。我们如果能胸怀大志，朝着目标无畏前行，就能坚信当下的努力将为未来的幸福打下坚实的基础。有了这种想法，我们就能以积极的心态去面对烦恼。这样一来，烦恼就不再是烦恼。

千万不要失去志向。有了志向，就有了排除万难的决心，进而可以朝着目标积极努力。佐藤一斋在《言志录》中写道：“有志者如利刃，百邪不侵。”意思是说，志向就像一把锐利的剑，能够挡住厄运的侵犯，并且赶走萦绕在身旁的厄运。

再者，若是胸怀大志，那么无论我们处于何种困境，都不会鬼迷心窍，沾染上不正之风。这是因为，“为了目标不择手段”是胸无大志之人才会采取的方法。这些人即使通过旁门左道暂时获得了一些成就，在此之后也一定会遇到各种问题。另外，远大志向也可以阻止我们误入歧途，让我们不被各种眼前的欲望而迷失双眼。

可以说，远大志向就是防止烦恼增多、阻止我们误入歧途的一剂良药。如果你正处于困顿之中，就请你再次扪心自问：“我的志向是什么？”得到答案后，你一定能找到烦恼的出口。

14 习惯从三个视角看待事物

32 岁那年，我决定研究中国古典文学，并动身去拜访一位大学教授。教授告诉我："从现在开始，你需要用一年的时间去培养东方视角。"

在知道我的年龄后，他接着说："虽然现在起步可能有些晚，但如果你能拥有东方视角，就能自己去品读中国古籍。我不仅希望你能读完那些文章，还希望你能通过它们去品味社会百态。"

然而，我并不知道该如何培养东方视角。听完我的疑问，教授告诉我："东方视角由根源、长期和多元三个视角构成。从今天开始，你无论看到什么，都要先考虑一下它的'根源'，也就是它的'本质'。坚持大约半年之后，周围的人就会夸你'是一个能从本质上看待事物的人'。这时，你就拥有了'根源'这一视角。"

"接下来，就要开始思考生活中的每一件事'从长期来看会怎么样'。大约 3 个月后，就会有人说你'能够着眼于未来看待事情'。这时，你就拥有了'长期'这一视角。"

教授继续说："拥有了以上两个视角，其实就相当于拥有了'多元'这个第三视角。你已经在无形之中拥有了多种思维方式。"

我按照教授的教导，在家中贴了写有"根源"的纸条，每天如念经一般默念"根源、根源、根源"；接着是"长期、长期、长期"……在这一过程中，我逐渐能够看透事物的本质，并能着眼于未来看待事情。

这三个视角对我非常有用，虽然我并没有取得 MBA（工商管理硕士）学位，但还是会有一些知名的管理者邀请我担任他们的顾问。无论他们提出什么问题，我都能着眼于本质和长期发展，提出三四十个详细方案。一般来说，其他顾问只能提出十几个方案。

大家也可以尝试着训练一下自己，因为我们的烦恼和痛苦很大概率是源于对事物本质的认知不足。我们有时会陷入以下恶性循环中："最近有点倒霉""不知为何，事情总是进展不顺""明明是出于好心，却总是事与愿违"……

这个时候，我们不要拘泥于事情的细枝末节，而要重新审视其"根源"。《老子》中有一经典名句："夫物芸芸，各复归其根。归根曰静，是谓复命。"翻译成现代汉语，即"人世间虽纷纷扰扰，但最终都要回归根本。回归根本就是让头脑恢复冷静，重获心灵的宁静，进一步实现回归自我"。

如果我们努力回归"根本"，当下的烦恼就会烟消云散。

我们会从摇摆不定的状态中脱身而出，回归稳步发展的轨道中。

所谓东方思想的视角，实际上是一种预防烦恼的思维方式。我们无论处于什么样的境况，只要拥有了根源、长期和多元这三个视角，就可以不被烦恼困扰、不受欲望摆布，积极向前迈进。

第二章

开启未来新可能

1 如何重燃工作热情？

面对不想做的工作时，无精打采也属正常。但是，如果做自己喜欢的工作时依旧无精打采，就需要好好思考一下解决方法了。

其实，这种情况也时有发生。我自己也一样，虽然我非常喜欢现在的工作，但有时也会感到乏味，提不起兴趣。对此，我设想了以下两种情况，并总结出重振精神的方法。

第一种情况：时间紧迫，必须立刻打起精神。

这个时候，我会思考我能得到什么样的回报。这里的回报并不是指金钱。有些时候，“努力≠高利润”，若是只看重金钱，反而可能失去动力。相反，我会从多个角度思考，“通过这项工作，我能得到金钱以外的何种收获”。例如以下这些。

- 可以拥有前所未有的体验。
- 可能会与之前的“点头之交”变得更加亲密。
- 可以亲眼看到曾经只在照片中见过的风景。

- 拜访客户时，可以在附近新开业的网红餐厅里享用午餐。

一旦发现这些“回报”，欲望就会被瞬间点燃，工作兴致也会随之而来。从这个角度来看，欲望有时可以转化为激情和工作动力。

第二种情况：有时间慢慢恢复状态。

在这种情况下，我们可以思考自己喜欢的工作是否有所变化，并在此基础上重新审视自己。我们之所以打不起精神做自己喜欢的工作，是因为已经熟悉了工作流程，新鲜感大打折扣。换个角度来看，这也是一个调整职业方向、探索全新可能的绝好机会。

我们可以尝试挑战更高难度的工作，或者换一个稍微冷门的工作，也可以尝试进入一个未曾涉及的领域。一般来说，寻找机会可能需要大约半年的时间，因此我们必须有足够的耐心等待机会的降临。一旦找到了合适的机会，工作动力和激情便会再次喷涌而出。

2 上班族的危险陷阱

我只有在刚踏入社会的那几年领取过月薪。之后，我从事的所有工作采取的都是绩效制，就连我在自己经营的公司里也是如此。当我觉得自己这个月几乎没怎么工作时，公司的销售额一定会大幅下降。正因如此，我对“能力 + 精力 + 努力 = 报酬”这一公式深有体会。反过来说，这也意味着我已经知道了获得报酬要拥有多少能力、付出多少精力和努力。

对上班族来说，似乎很难套用这个公式去比对自己的付出。因为不管你付出了多少，你的薪酬都不会有太大的变化。这样一来，我们就会被“我不这么努力也行”“再怎么努力也没有回报”之类的想法所支配，导致我们的成长之路严重受阻。

这种情况非常可怕，因为它会使欲望中最为重要的热情大幅减退。因此，我有时会刻薄地教训并警告那些对薪酬认知不足的上班族。

“你这个月怎么样？业绩提高了吗？”

“嗯，不怎么样。我没什么工作劲头，有点懒散了。反正我的工资也不会涨。”

“这样啊。那你的工资下降了很多吧？”

“啊？每个月都是固定的数额打到我工资卡上，怎么会下降……”

“哎呀！还有这种人啊。工作再懒散，工资也不会变化，你可真是太幸运了。”

听罢，他们都会大吃一惊。我的话终于使他们意识到：工资的多少本来应该是由工作量决定的。对我而言，这种努不努力都能按时进账的生活，简直就像是一场虚假的人生。要知道，时间一长，就可能出现最糟糕的情况：员工被公司“圈养”起来，失去了前进的动力，无法实现个人成长，一旦离开公司的庇护，就无法在这个社会中生存下去。

我希望那些领取所谓“月薪”的上班族能够明白，为什么我会警告你们“月薪制其实很可怕”。

3 缺乏自信也是一件好事

有些人在尝试挑战从未接触过的工作，或是被提拔到更高的职位时，总是会因为缺乏自信而心生退缩。我总是这样鼓励他们："你很不错，非常厉害。"

其实，缺乏自信也是一件很棒的事情。为什么我会这么说？因为你可以从现在开始努力培养自信。在这一过程中，你将会不断成长。

大多数人对缺乏自信一事持消极看法，他们在听完我说的话之后，通常会愣住："啊？这真的是一件很棒的事吗？"惊讶过后，他们的眼睛会慢慢地亮起来。**因为他们意识到，缺乏自信其实可以源源不断地激发个人成长的动力。**这样，我们可以重新点燃逐渐减退的热情。

反过来说，当我们觉得自己胸有成竹的时候，就要开始未雨绸缪了。因此，为了避免停下前进的脚步，我们有时候需要故意把自己拉回缺乏自信的状态中，告诉自己"我还有很长的路要走"。其实，这比激发自信困难得多。

从这个意义上来说，一流人才之所以能够成为一流人才，是因为他们无论在工作中有多得心应手，却坚信“自己还差得远”，永远怀着谦虚的态度投入工作中。越是一流的人才，有时越没有自信。

在这一方面，《论语》中有一句发人深省的名言。当被弟子问道“怎么样才能算作优秀的人”时，孔子回答：“行己有耻。”意思是，一个人行事，要有知耻之心，也就是时刻对自己的行为感到不满，认为“现在的程度还远远不够”的人才是优秀的人。

实际上，这就是拥有“自我提升机制”的人。正因为缺乏自信，所以才会不断努力提升自己。因此，当你觉得自己“缺乏自信”时，你应该感到庆幸。要知道，沮丧和抱怨只会让你错过成长的机会。

4 消极情绪也很重要

能够积极地投入任何事情是一个很好的现象，可以促使我们不断成长。而我们之所以能够做到积极投入，是因为我们希望通过努力不断提升自我。

但是，任何事都要讲究“适度”。过于积极可能会让我们做出一些鲁莽的事情，这样不仅会导致我们得不到所求之物，甚至还会让我们失去已有的东西。我来举个例子，如果一个小孩说：“我要从3楼跳下来！”并且他真的这样做了，那么结果会是怎样呢？这个孩子可能会付出生命的代价。

在现实生活中，即使是不谙世事的孩子，也不会做出如此鲁莽的行为。他们会根据自己的经验来预测结果，或是根据身旁成年人“危险，不要跳下去”的警告来做出判断。

我们需要重新认识到，不只是积极的情绪能够促使人们成长，某些消极的行为也能达成这一效果。如果我们没有认识到这一点，就会陷入“消极＝恶”的误区，并为此陷入烦恼。

《老子》中写道：“为者败之，执者失之。”这句话的意思是，过于强求某事往往会导致失败，过于执着地追求成功的人往往会事与愿违。

为了培养“正面的消极情绪”，我们需要经历多次小小的失败。挑战稍微超过自己能力范围的事情，在不懈努力中提升自己，可谓是一段非常宝贵的成长经历。换句话说，这是一种“用消极情绪来发挥积极性”的行事方式。

在工作中，我们难免会经历失败。特别是在年轻的时候，每个人都会经历一些失败。如果有人声称自己从不失败，那很可能代表着他并没有真正地努力过。

在现实中，如果你失败得越多，就意味着你所做的工作越多。因此，即使出现一些小小的失败，我们也不必沮丧。我们可以将这次失败看作是一场修炼，这场修炼赋予了我们消极情绪，让我们避免在同一个地方摔倒两次。

然而，我们不能持有“失败让人沮丧，不过没关系，失败了就算了”的态度。如果一味逃避，就会在一个地方不停摔倒，因此我们不能对此放任不管。

我们所面对的问题是该如何看待失败。我们要找出失败的原因，并吸取这次失败的教训。不要过于担心失败，要积极地去看待它。

- 如果发现自己能力不足，就去努力提升这方面的能力。
- 如果预判错误，就去验证是哪里错了，和自己的预想有什么不同。

- 如果之前没有做好充分的准备，就去思考还应该完善哪些地方。

- 如果采用的方法不合适，就去模拟一下采取其他方法会有怎样的结果。

总之，我们要牢记，一定要努力提高个人能力，做到“从失败中学习”。在一次又一次的失败中，你会积累越来越多的经验。所以，大家一定要充分理解我所说的“消极情绪促进成长”的含义。

5 登顶山峰之后，才能看见下一座山峰

2010 年，日本棒球运动员铃木一朗创造了美国职业棒球大联盟史上首次“连续10 年打出两百支安打[1]”的纪录。面对“为什么能坚持努力 10 年”这一问题时，铃木一朗是这样回答的：“因为当你达成目标、立于山巅之时，马上就会看到下一座山峰。”

人们经常将人生和工作等过程比作登山。然而，人这一生不会只攀登一座山峰。如果套用铃木一朗的话来描述人生和事业，就是：“达成一个目标之后，就再次发起挑战，朝着从那里看到的新目标继续前进。所谓人生，就是在死亡来临之前，一次又一次地挑战新目标。”简单来说，人生并不是如同攀登一座山，而是如同攀登许多座山。在漫漫人生路中，我们要做到立于山巅，也就是达成目标。如果没有达成目标，就无法看到下一个目标。

征服一座山后，我们会很有成就感，在心里欢呼“我做到

1 安打，棒球、垒球运动术语。击球员击出界内球，守场员不可能使之出局而安全上垒。分为一垒安打、二垒安打、三垒安打和全垒打。

了，我达成了这个目标”。然后，我们会暂时停下脚步，享受这一喜悦，并萌生出动身征服下一座高山的想法。一旦产生这种想法，我们就会意识到自己不能再继续待在原地，必须有所行动。随着欲望在心里生根发芽、快速生长，我们会变得充满干劲，并制订出下一个计划：“下一次，我一定要登上那座山的顶峰！”

不过，当我们挑战下一座山峰时，若只是沿用以往的方式，往往不会得到令人满意的结果。我们在攀登山峰的过程中会遇到各种各样的困难，必须学会忍受痛苦。随着年龄的增长，我们的体力和精力也会有所下降，因此我们需要思考如何找到适合自己的方法，不断地进行创新和改进。正是因为如此，我们才能不断地成长。

那些将自己的人生和事业比作登山，以欲望为动力拓宽人生舞台的人，会在人群中显得格外耀眼。

6 写给那些犹豫是否晋升的人

某大型企业的领导曾感慨道："最近参加主管晋升考试的员工越来越少，真愁人。看起来大家都不太想出人头地啊。"据说，现在越来越多的员工选择长期担任组长来从事专业工作，并不想继续晋升。究其根本，是因为这些员工认为"升职不会涨太多工资，反而会让自己肩负更加沉重的责任"。

这种现象在女性中也很常见。一般来说，女性想要出人头地的欲望本来就不是那么强烈，而且她们还担负着家务和育儿的重担，这就导致很多女性对晋升一事颇有顾虑。

无论如何，我都认为大家不应该以薪水高低或职务责任等次要因素来决定自己是否应该向上走。我们需要好好思考一下自己"当初加入这一工作团队时的初衷"。因此，我经常会问那些犹豫是否要晋升的人："你们都是团队的一员。当初你们决定进入公司工作，是不是出于想要推动团队发展这一初衷，才选择加入这个团队？如果是这样的话，你只有在一定程度上推动团队发展，才能实现自己的目标。如果你不想这么做，也许就要脱离这个团队，去找一条能够体现自己价值的路。你们怎么看呢？”

我曾面向30名年轻员工做过一场培训，在那次培训中我提出了这一问题。听完我的问题后，所有人都恍然大悟，有人站起来回答道：“我从未考虑过这个问题。您说得对，我们无法仅凭单打独斗来体现自身价值。听完您的话我才明白，通过推动团队发展来成就自我，才是我要走的道路。我决定参加主管晋升考试。”

对身处工作团队的人来说，最大的快乐就是能够参与无法独自完成的大型工作中。比如，参与俄罗斯天然气管道建设项目的筹划，或是参与在东盟国家增设餐馆、便利店等店铺的企划之中，等等。

当我们意识到这一点时，就会产生欲望：“董事长才能做最大的事情。对，那我就要努力坐上董事长的位子。”其实，拥有这样的志向，正是团队成员应尽的本分。

7 跨公司调动、降职，其实都是好机会

几乎所有的上班族都经历过工作调动。我们虽然并不希望这种事情发生在自己身上，但可以把它当作是一次挑战新工作的机会。“经历过工作调动，才能体会到上班的妙处”，这种说法其实不无道理。

被降职也好，被调至其他分公司也罢，当这种情况降临在我们身上时，千万不要陷入沮丧，萌生“我完蛋了”“接下来的职业生涯将充满艰辛，我根本没有勇气去面对未来”之类的想法。身居闲职也好，身处边缘岗位也罢，有什么不能接受的呢？

在这种情况下，我们可以参考中国古代哲学中的“阴阳学说”思想。“这个世界上存在‘阴’和‘阳’。‘阴’类似向心力，是一种由外向内的力量，能够充实内部、促进革新。‘阳’则类似离心力，是一种由内向外的力量，代表扩张和发展。若能融合阴阳，使二者达到平衡，便能达到最理想的状态。”另外，阴阳学说也主张“阴极转阳，阳极转阴”，意思是，阴的力量过多会转变为阳，阳的力量过多也会转变为阴。

从这种思想来看，在我们得知自己被调至其他分公司或降职的那一刻，其实正是由阳转阴之时。这一时段通常被称为“充电期”，我们可以借此机会充实自己，对自己进行大刀阔斧的革新。

我们可能会被公司安排到一个状况极其糟糕的部门，也可能被安排到一个比较轻松的部门。无论出现哪种情况，我们都不该沮丧。如果是前者的话，那么的确可以算作是“最糟糕的情况”。但是，反过来想，现在都已经是最糟糕的情况了，以后的情况不可能变得更糟。因此，我们可以想尽办法努力工作。哪怕只是提升一点点业绩，也有可能逆风翻盘。

如果是后者的话，我们就可以利用这段相对空闲的时间来阅读大量书籍，参加各种研讨会，通过外出学习来增长自身的见识。与此同时，我们还能领到薪水，这可真是太幸运了。

我们发现，能够以积极的心态去面对工作调动的人，最后几乎都会被召回总部，并成为可以制订公司发展战略的核心人物。“只有经历过跨公司调动和降职的人才能成为公司的领导”，这一说法或许不无道理。因为我清楚这一点，所以当我在咨询中遇到“下一任董事长应该让谁来担任”这样的问题时，我会给出以下建议。

“基于职业道德，我不会干涉您公司的人事，不会告诉您我认为谁更合适。但是，我建议您能挑选出三名左右的候选人，将他们调至其他分公司，并让他们在那里工作三年左右。另外，您最好将他们派到连年亏损的海外分公司去。当然，您不要向他们透露这是在考验他们是否适合担任高层职务，仅仅通知他们将被调至海外分公司即可。在调至海外之前，要先检查他们的身体状况，并让他们选择自己的座右铭。然后观察哪位候选人将危机转化成了机遇，您就能从中判断出：当一些无法预知的困难来临时，谁是最适合带领团队破局的人。”

成功通过这一“测试”的人，也就是那些把工作调动这一黑暗时期看作是充实自身和改革创新的机会，并坚持努力的人。这些人很有可能会实现飞速成长。经此磨难，他们会变得非常坚强，能够严格对待工作并解决工作中的困难，成为一名通情达理的优秀董事长，并赋能企业发展与创新。

8 开展新业务的方法

当公司进军新领域、自己尝试从事从未接触过的工作，甚至是辞职创业时，我们往往会畏首畏尾，想着“要是失败了怎么办，我可不想鸡飞蛋打”。这种担忧往往会打消我们的积极性，削弱我们的行动力。尤其是在公司要求我们行动的情况下，这种担忧会更加强烈。我们本来就没想要挑战这件事情，因此会对公司下达的命令产生反感，并认为自己“心有余而力不足”。

出现这种情况，主要问题在我们对这件事情的认知上。我们认为，目前的状况是“领导下达命令，迫使我去做我不想做的工作”。其实，我们在接到任务后，应该迅速转变自己对这件事的看法：“终归是要做的，不如高高兴兴地去做。我要踊跃提出想法、制订方案，努力把这件事情做成。”行动的第一步，就是从心底接受这项任务。

你是否从心底接受这项任务，决定了你是否有动力去挑战新工作。另外，在我们接手任务之后，也经常会出现这种情况：不知道该从何下手，感到一片茫然，从而陷入无尽的忧虑中。当咨询者为此事向我咨询时，我经常会和他们进行以下对话。

“这次需要开展的新业务，你一点经验都没有吗？”

“是的，我一点经验都没有，因为这是一项新业务啊。”

“话虽如此，但是你如果想和那些有经验的人做得一样好，是不是也需要先积累一些经验？”

“是的，但我不知道该怎么办，感觉自己无法集中精力来思考这件事情。”

“这样吧，你可以试着去你的同业竞争公司打工。你可以开出‘无偿打工’的条件，恳请他们让你留下来打工。假如我是管理者，从我的角度来看，如果你不去做这样的事情，我就不能把新业务放心地交给你。”

“唉……但是，去同业竞争公司打工好像不太好吧？”

“那就去现场参观。你要做到多参观，最好能让对方注意到你每天都来他们公司。”

“那我试试看吧。我总想着这次接手的是一个‘新’业务，所以一直以为自己找不到参考的案例。”

“这个世界上，几乎任何新业务都能找到可供参考的案例。只要你愿意去找，就肯定能在某个地方找到。你先去别的公司亲眼看看别人是怎么工作的吧，这将帮助你实现新业务的前期积累。加油！”

想要从零开始挑战，就一定要“先去现场参观学习”。我年轻的时候也曾参观过排名前十位的上市公司。为了在新开发业务等方面给大公司提供经营相关的建议，我必须了解现场的情况。回想当时的情况，几乎没有企业拒绝我来参观学习，大家都非常欢迎我的到来。如果有参观者提出想要深入了解企业，企业对参观者的欢迎程度通常会超乎我们的想象。

我去参观学习，主要是为了实地考察“业绩好的公司有什么优势”。我来举个例子，如果一个公司“今年推出了爆款产品，发展势头迅猛”，就能看出其优势在于拥有较强的产品开发能力。为了进一步了解该公司为何能有如此之强的能力，我会向该公司提出请求：“如果可以的话，能否允许我旁听贵公司的产品开发会议？”这样一来，我就会参加一场别开生面的会议。这一举动，让我受益匪浅。

现在的人们大多缺少参观学习的经验。无论我们有多么出色，都应该在新项目启动前寻找机会去参观学习那些走在前列的公司。如果不这么做，就代表着你是在消极怠工。

百闻不如一见。通过“参观学习”，我们可以以饱满的热情迎接全新挑战，并迅速助推项目的发展。

9 成长路上的三个“绊脚石”（一）

我敢断言，有三个“绊脚石”一定会阻碍我们成长的脚步。我将它们融入公司经营理念与“企业形象三计划”中，希望能与员工分享我的想法，并对我们时时起到督促的作用。

第一：“避免使用否定词”。

面对别人的提问时，有许多人习惯用否定词开始回答。其实，我以前也是这样，感觉自己的嘴里根本说不出肯定的词汇。例如，当有人问我“这样做的话怎么样”时，我总是回答：“你的想法还行，但是很难实施，根本就不可能做好。”

如果从一开始就保持这种态度，那么无论你做什么都不可能成功，因为你从一开始就在否定自己。当时的我并没有意识到自己有这种“坏习惯”，直到有一天，我发现自己做事情总是不顺利，这才开始试着从自身找原因。接着，我研究了那些带领公司飞速发展的董事长的事迹，以及我与他们之间的差距。

我列举了他们的优点，并花费了几小时进行深入研究。

我发现，我和他们之间有很多不同之处：他们乐观积极，而我悲观消极；他们以肯定的态度去看待事物、倾听他人的想法，而我是以否定的态度看待事物，对别人的话也是持否定态度。

从那天起，我开始对自己发起挑战，试图改变自己的性格。对于任何人的提议，我都保持积极态度：“这一提议很好，我们来试试看。”即使对方持否定态度，说出“那个人性格不好”之类的话，我也会以肯定的态度进行回应：“他也有好的地方。”坚持10年后，我的性格有了改变，做事也变得顺利起来。

因此，从今天开始，请大家也避免使用否定词。比起消极看待事物，积极接受事实并向前迈进会让事情变得更加顺利。

10 成长路上的三个“绊脚石”（二）

第二：“不去嫉妒”。

我们先来假设这样一个场景：一起入职的同事在自己的前面得以晋升。这时，如果我们心中出现了“明明是我更优秀，为什么却是那个家伙升职”的想法，就代表我们产生了嫉妒心理。

我之所以将嫉妒列为成长路上的绊脚石之一，是因为在这种情况下，你可能认为你只是在否定“那个同事”，但实际上你是在否定“升职”这件事情。接下来，你就会否定“升职的自己”，无法实现想要通过升职来从事更重要工作的愿望。

那么，我们该如何打消嫉妒心理？最好的方法就是发自内心地对升职的同事说一声“恭喜”。如果我们觉得当面说不出口，不妨试着对着空气或墙壁进行多次发声练习：“××，恭喜你得以晋升。”

这样一来，我们心底的抵触情绪会自然而然地减弱，之后就能做到发自内心地向同事表示祝福。在我们祝福别人的同时，内心的嫉妒情绪也会烟消云散。

下面我向大家介绍一下不嫉妒别人能给我们带来什么好处。嫉妒这一情绪通常会在身旁的人取得成功之时出现。我们设想一下，在这种情况下，如果你总是能发自内心地对他人的成功表示祝贺，那么当你成功时，周围的人会做出何种反应呢？正如大家所想，他们也会真心地祝福你，而不是产生嫉妒情绪。

因此，我想告诉那些认为自己“工作出色，步步高升，并因此招致嫉妒”而心生烦恼的人：其实不是别人在嫉妒你，而是“你自己嫉妒心太强”。

“嫉妒别人的人，也会被别人嫉妒。”这是普遍的规律之一。

正如前文所述，我们不要进行相对评价，要牢记“我是我，别人是别人”，时刻将自己摆在第一位。在此基础上，我们要做到“对事不对人”，只要是遇到值得称赞的事情，就不要吝啬自己的赞美。如果能做到这些，我们就不会因心生嫉妒而阻碍自己前进的脚步。

11 成长路上的三个“绊脚石”（三）

第三：“不自怜”。

许多人都会觉得自己就是“悲剧中的男女主角”，并产生自怜的情绪。

- “我忙得连睡觉的时间都没有，真是太可怜了。”
- “我的生活如此艰辛，真是太可怜了。”
- “我如此努力工作却得不到回报，真是太可怜了。”
- “无论是上司还是下属都不待见我，真是太可怜了。”

这样一来，每当自己遭受批评，或是工作繁重、不顺利的时候，我们很容易会把原因归咎于周围环境，并试图安慰自己。虽然其他人也正处于相同困境之中，但是我们还是会不由自主地觉得“自己才是压力最大的那个人”。

随着这种感觉愈发强烈，我们就会渐渐沉浸于自怜之情中，认为自己是一个“值得同情的人”，并在这种情绪中寻找“幸福”的感觉。也就是说，比起顺利的自己，我们更容易爱上不顺利的自己。

这就是为什么我们在听到“你辛苦了，你努力的背后充满了艰辛”之类的赞美时，会感动得几乎流泪。有人承认自己是一个可怜的人，并且还赞赏了自己的努力，可真是让人感动啊。

但是，**你真的想成为这种被人可怜的可悲角色吗？**周围的人看到这样的你，也不会感到舒服。因此，我们不要再可怜自己。如果有人对你说“辛苦了”，请你保持微笑，并带着一丝严肃告诉他：“我一点都不辛苦。如果做这点事情就觉得辛苦，那我就什么都做不了了。”

只有克服困难才能成长。你认为事情困难，它就真的困难；你认为事情棘手，它就真的棘手。如果你让自己被负面情绪支配，就不可能有所成长。无论发生什么，我们都要告诉自己“这没什么大不了”，要让自己充满斗志，勇于直面任何困难。

12 先别急着辞职

我经常听到一些人说："我想辞职了。"他们之所以会萌生这种想法，通常是因为工作不自由，或是感觉自己并不适合这份工作。

所谓"工作不自由"，其实是员工对公司内部人际关系不满的一种投射。换句话说，是因为员工被迫承担不喜欢的工作、加毫无意义的班，或者是团队"人心不齐"。员工如果和上司的关系不好，就更会感觉自己被束缚得喘不上来气了。

但是，就算我们跳槽到其他公司，也无法满足自己对自由的渴望，还是会产生不满情绪。如果你想要在工作中获得自由，就只能选择一些能够独立进行的工作。所以，辞职这一行为不会解决任何问题。

既然进入企业，就要做好"组织 = 不自由"的心理准备，并将不自由看成一种享受。哪怕你不喜欢这份工作，但只要你能尽力去做，就有可能得到一些意想不到的收获。要知道，在职业发展道路上，本来就不存在真正无用的工作。

如果上司很讨厌，你可以把他当作反面教材，来进行

"反向学习"。在团队合作时，你可以慢慢扩充团队，通过聚餐等方式来庆祝大家在每个阶段达成的小小成就。像这样，一边工作一边"消化"掉工作中的不自由，可以促进我们成长。

此外，一旦出现"我不适合这份工作"这种想法，就意味着你的能力发展陷入了停滞。严格来讲，我们之所以会出现这种想法，是因为小瞧了自己的能力。无论是运动能力还是学习能力，都存在成长期和停滞期。也就是说，我们的能力并非呈直线上升，而是呈阶梯式上升。一旦进入停滞期，我们就会心生沮丧。但是，如果我们能再坚持一下、再努力一把，就会守得云开见月明，一下子跃入成长期之中。

工作中也是如此。当你的能力经过了飞速发展的时期之后，就会陷入停滞状态。要知道，你并不是因为"不适合"这个工作，才导致自身能力不再提升。能力发展陷入停滞，其实是在为迈入下一个阶段积蓄力量。

因此，每当有咨询者告诉我他想辞职的时候，不管他的辞职理由是什么，我都会这样说："哎呀，真好啊。这其实是上天为了让你有更好的发展而赐予你的一次考验。熬过这段时期，你就会破茧成蝶。所以，再坚持三四个月吧。"一些咨询者听完后说："原来是这样啊，那我还是继续坚持一下吧。"那些听进去我建议的人，在之后几乎都取得了显著的进步。

要知道，因为“讨厌束缚”或者“觉得自己不适合这份工作”而突然辞职，其实是一件很可惜的事情。当你产生这些念头的时候，不妨回想一下我一直在说的这句话：“想要辞职之际，正是成长之时。”

第三章

做一个擅长人际交往的人

1 通过人际交往，提升自身实力

说到“提升实力”，很多人都会联想到升职加薪、考取资格证书、提高工作能力、获得响亮的头衔和掌握丰富的知识等。的确，这些都是衡量实力的重要因素。但是，我认为最为重要的一点，是要“擅长人际交往”，也就是能够准确地揣摩他人的心思。如果忽视了这一点，即使我们具备卓越的才能，也可能会在人际关系上栽大跟头，最后可能导致一切努力皆化为泡影。

我们来思考一下以下这些问题。

- 人们会因为什么事情而心生不快？
- 人们会在什么情况下生气，在什么情况下高兴？
- 人们什么时候会流露真情，什么时候会掩饰自己的真实想法？
- 人们在说谎话和真话时，分别会表现出什么样的态度？
- 人们在听到什么样的话后，会产生或失去动力？
- 如何与他人接触，才能让对方感到亲切或心生敌意？

了解了这些，我们就能游刃有余地处理人际关系，并充分发挥自己的实力。但是，要做到“擅长人际交往”并不容易，因为在这个世上，每个人的想法都不相同。面对不同的人时，我们需要灵活变通。因此，**为了成为一个擅长人际交往的人，我们要从日常的交际中多多学习。**

换句话说，成功的关键在于我们要与更多的人交流，努力积累丰富的经验。要知道，我们是在人际社会中生活和工作。我们是否擅长人际交往，会对我们的实力产生至关重要的影响。请大家谨记这一点，并时刻注意自己的言行会对他人产生何种影响。

2 问候是打开人际交往的钥匙

《小学》[1]一书中的“洒扫、应对、进退”可以包含日本江户时代的儿童教育。其中，“应对”包括问候和回答。尤其是问候，将它称为人际关系的基础也不为过。如果不问候别人，我们几乎不可能开始一段新的人际关系。

然而，有许多人虽然早已成年，却还不太清楚该如何去问候别人。这样的人想要“提高沟通能力”，简直就是痴人说梦。其实，我们应该让孩子从小养成问候的好习惯，但是现实却给了我们重重一击：即使在学校里，老师也没有好好地对学生进行这方面的教育。

我身边就有这样一个例子。我曾经接触过一所小学，这所学校的校长和老师们每天早上都会站在校门口迎接学生。但是，他们只是不断地对学生重复“早上好”，这种打招呼的方式没有任何教育意义。对此，我提出了改善建议：“你既然要问候学生，就应该好好地打招呼，例如，‘某某同学，早上

1 《小学》，中国古代一部传统的启蒙教材，一般认为是朱熹编写的。

好’，要一个个叫出学生的名字。这样，孩子们才会回过头来说‘××老师，您早上好’。”

如果老师们不做出一些改变，那么孩子们在长大成人之后，就只会没有感情地机械寒暄。另外，我们千万不要吝啬自己的问候，可以在问候的时候加上“您”之类的尊称，和别人好好打招呼。

在公司中也是如此。如果上司能主动对下属说“早上好”，那么下属也能够对别人说“早上好”。但是，如果上司向下属打招呼时未得到任何回应，或者只是得到一句敷衍的回应，那么上司就需要对下属进行适当的提醒。

虽然这件事情看似不大，但我们要知道，友好的问候是建立良好人际关系的重要基石。我们要时刻谨记：不要吝啬你的问候。

3 不擅长表达观点也无妨

近些年来，日本人对于表达观点的要求越来越高。一个人若是沉默寡言或是口齿不清，就很容易被认为是一个“没有自己想法的人”。

在学校教育中也存在这个问题。当孩子被问到对某件事的看法时，如果孩子结结巴巴地回答不上来，立刻会被老师责备：“你不说话，我怎么知道你在想什么？你得学会明确表达自己的意见。”

在这种情况下，即便老师用的是比较温和的规劝方式，也会让孩子心生退缩之意。而那些能像政治家一样侃侃而谈的孩子，则会受到铺天盖地的赞扬：“这个孩子太厉害了！大家要向他多多学习。”

目前的情况就是这样。从儿时起，孩子们就被灌输了“如果不能表达自己的观点，就不会被别人夸奖”的价值观。表达自己的想法的确非常重要。但是，**能够侃侃而谈并不等同于能够表达自己的观点**。

《老子》一书中有一句话叫“辩者不善”，意思是能言善辩的人往往不够善良。书中还有一句话叫“多言数穷”，意思是言多必失，必有理屈之时。说得再多，也可能尽是些肤浅的内容。相反，沉默寡言甚至口齿不清的人，有时可能会在深思熟虑后提出一些精彩的看法。当然，最理想的状态是“既能深度思考，也能侃侃而谈”，但是很少有人能够兼具这两种才能。

总之，我们在评价一个人能否表达自己的观点时，应该重点关注这个人“拥有怎样的想法和意见”，而不是将“说话是否流利”作为评判标准。**一个人的想法和意见，要比说话是否流利重要得多。**

我想告诉大家，我们没有必要为“不擅长表达观点”而头疼。我希望大家能将精力用于仔细思考、提出观点、传达自己的想法及意见这三方面。一言以蔽之，那些只会泛泛空谈的人，并不值得我们学习。

4 享受“差异”

这个世界上存在着各种各样的人。可以说，每个人都是独一无二的。尽管这是一件再正常不过的事情，但不知为何，很多人都无法接受那些与自己性格不同的人，会攻击或排斥这些“异类”。但是，为了拓宽人际关系，我们必须对每个人都持有宽容的态度。

在这里，我想为大家介绍两种重要的思考方式。第一种是老庄思想的基本观点——“万物齐同”，这一思想主张世间万物原本就是齐同为一，生命没有贵贱之分。第二种重要的思考方式是“每个人、每件事，在任何方面都存在差异”。

我用杉树来举例。从树干大小和树枝形状，到花的排列方式和开放次序，再到花粉的多少，没有哪两棵杉树会拥有完全相同的特征。

树都如此，就更不必说人类了。我们每个人都有不同的生活习惯，在性格、观点、价值观、能力上也存在差异。在人际交往中，我们不要产生排斥心理，认为“这人与我不同，所以我无法和他交往”。**我们要发现对方和自己的不同之**

处，并享受寻找不同的过程——这人与我完全不同，可真有意思！

这其实是一种求知欲。如果你一味地寻找自己的同类，你就不会从人际交往中得到任何乐趣。也就是说，当你遇到与自己完全不同的人时，你的想法将决定你能否在这段人际交往中如鱼得水。如果你在与这类人交往时能够感受到快乐，从内心深处认为“发现的差异越多就越有趣”，并希望与他们继续接触下去，你就扫清了人际交往中的所有障碍。

你要记住，如果只与那些与自己相似、与自己志趣相投的人交往，就无法扩充你的圈子。尤其在这个全球化时代，如果我们不能接受人与人之间的文化差异，就无法和别人顺利交往。这样一来，我们既无法扩展人际关系，也无法增加自身的知识和见识，最终成为一只“井底之蛙”。想必大家也不想过这样的生活吧？

我来举个例子进一步说明。我经常去访问一家汽车公司，这家公司仅仅是东京总部就有三分之一左右的员工是外国人。在这样的环境中，如果你抱怨“我真看不惯美国人总是摆出一副自己主宰世界的样子”，或者“我还是无法和这群语言不通的人做到相互理解”，那么你将无法胜任这份工作。

“万物齐同”的观点认为，人和人完全相同，却又迥然不同。我们要认识到，承认人生而平等并尊重人与人之间的差异，正是构建人际关系的基础。

5 三人行，必有我师焉

在人生路上遇到堪称“老师”的优秀之人，可谓是一种幸运。老师越优秀，我们越能从他们身上学到生活和工作的窍门。

- 老师不经意间的一句话能让人豁然开朗。
- 看着老师的背影，纠正自己的行为。
- 学习老师的智慧，促进自身的成长。
- 借助老师的力量，登上人生的新台阶。
- 与老师交往，也在无形中提升自身的能力。

因此，每个人都希望自己能够遇到好的老师。但是，也可能会出现“周围没有可以堪当此任的优秀人才”的情况，这会让我们陷入迷茫：谁才是我的老师？

面对这种情况，我们不要沮丧。孔子在《论语》中说过一句至理名言：“三人行，必有我师焉。”简而言之，与自己有关的人都可能成为我们的老师。按照孔子的话来说，即使是所谓的“无能之辈”也可能成为我们的老师。既然有“反面教材”，那么也会有“反面教师”。我们要同时看到这些人的不足之处，做到“见不贤而内自省也”。

另外，面对他人，我们要抱着学习的态度，避免刻意地挑选老师，要让自己一边与形形色色的人交往，一边学习。

与人交流是一个接触“实物”（真人）的过程，这与独自构想“我想成为这样的人”“我不想成为那样的人”的感觉大不相同。因此，与形形色色的人交流，可以让我们的体验更加深刻。也就是说，我们只要稍微改变一下自己的看法，就能够接受一切。

不知不觉说了这么多，好像有些偏离“反面教师”这一主题了。其实，与讨厌的人交往也是件好事，可以让你切身体验到其他人到底有多好。这是我发自内心的真实想法。

我年轻时曾在电影公司工作，那时我有一个非常讨厌的上司。我在家里排行最小，从小就习惯了被上面三个哥哥欺负，所以练就了相当强的忍耐力。即便如此，我也无法忍受那个上司对我的恶意攻击。

我举个例子。在我和他连续熬夜工作的时候，他突然对我说：“喂，田口，你没看我的脸吗？”我有些疑惑，没听懂他在说什么。然后他说：“你不知道我的脸上写了什么吗？读不懂别人表情的人，就无法在这个世界上生存下去，明白吗？我脸上写着‘我要喝茶’。”

听他说完之后，我立刻起身去拿茶叶。等我回来时，他又说道："我不是叫你看我的脸吗？现在我脸上写的是'咖啡'。你要能读懂变化，明白吗？变化！"

当我把咖啡拿回来时，他又说他脸上写的是"茶"。这样的事情数不胜数，时间一长，我几乎要被他搞得神经衰弱了。

他当我的上司一共半年左右。此后，他成了我评判上司的"一杆秤"，不过我再也没遇到过比他更讨厌的人。现在这位前上司已经去世了，但我每年都会在他的忌日去祭拜他。

6 做好分内工作才是最重要的

我们可能会被信任的人背叛，也可能会遇到不服从管理、任意妄为的下属，或者被一些刻薄的话语伤害。这种情况下，我们常常会情绪激动："这人太过分了！他简直就是罪无可恕！"

然而，说某人"罪无可恕"属实有些过分。无论出于什么样的原因，"宽恕或不宽恕他人"都不是我们自己能够决定的事情。正如《老子》中所说："天网恢恢，疏而不漏。"审判他人其实是法律的职责。

天空中有一张能将坏人一网打尽的巨网，虽然网眼看似稀疏，但实际上，这张巨网不会纵容任何罪行。简而言之，你认为那些"无法原谅"的坏人或坏事，都会受到法律的审判。因此对我们来说，最好的做法便是将这件事搁置一旁，把注意力集中在更容易取得成果的事情上。

我也常常对政治家们说："你需要花费精力去做的事情，并不是谴责并解雇那些所谓'罪无可恕'的人，而是要不断挖掘每个人的优点，让他们为社会和他人贡献更多的力量。"

政界人士经常会产生“那个人不行，应该辞退他！”“他做的都是什么事，就应该让他从一线退下来！”之类的想法，并真的付诸行动。我并不是强求大家去原谅他人，只是想让大家知道，我们之所以会愤怒，是因为我们想要维护个人利益，并对损害自身利益的行为表示极大反感。

与其把时间花在这种事上，不如转过头来，做好你作为政治家的本职工作。这个道理对每个人来说都是一样的。专心致志地做好自己分内的工作才是最重要的事情。无论他人给我们造成了什么损失，或者做了什么令我们不快的事情，我们都无须与其牵扯过多。

如果你能保持这种心态，你就会发现，身边将再无所谓“罪无可恕之人”。

7 养成写“观察笔记”的习惯

我曾经经营一所培训机构，给那些想要考小学教师编制的人进行培训。我告诉那些从培训机构走向小学校园的老师们：“你们要准备一个专门的笔记本，每天记录每位学生的情况。”这样教师就能了解到学生的变化。

比如，某位同学前几天还很活泼，但今天却有些不在状态。就算是老师和他说话，他也是一副心不在焉的样子。发现问题后，你就可以采取相应的对策，比如，他可能是因为遇到了困难，想打起精神来赶走沮丧的情绪，但这种方法似乎并未奏效，反而让他更难过了，我去和他好好聊一聊吧。通过这种方式，我们就能够敏锐地察觉到学生在无意间从心底发出的信号。

这种“观察笔记”在职场中也能起到一定作用。作为团队领导或组长，你可以利用“观察笔记”来与下属建立良好的关系。我们都自以为很了解自己的下属，但实际上很难做到详细了解他们的情况。因为若是仅仅用眼睛观察而不用笔去记录，那么即使我们有所发现，也会很快将其抛到脑后。

养成每天都“记录下自己注意到的事情”的习惯，首先可以帮助我们更细致地观察下属。原因在于，即使我们是写给自己看，也需要寻找一些素材来支撑我们书写。然后我们会不知不觉地琢磨“今天应该写些什么”，于是开始观察我们的下属。要知道，如果我们每天都在笔记本上写“今天没什么需要记录的事情”，就失去了记笔记的意义。

其次，通过阅读笔记，可以观察到下属的内心波动。这样，我们就能察觉到在他们平时表现中感知不到的微妙变化。

最后，这个习惯可以提高我们的人际交往能力。你可能会在观察下属时发现一些新情况，也可能会找到根据他们的性格来激发他们工作动力的方法。这些经验将有助于培养我们面对下属、面对所有人时的敏锐观察力，以及提升我们的用人能力。

8 领导“随口说说”，带来好处多多

日本乐天棒球队自成立以来一直成绩不佳。直到 2013 年，乐天棒球队才在联赛上一举夺冠，成了日本首屈一指的球队。当教练星野仙一被问到球队如此厉害的原因时，他回答道：“其中一个原因，就是我意识到和球员随口说几句话有多么重要。”

“随口说几句话”是什么意思呢？星野教练举了一个例子：棒球队里有一名队员一直在担心他母亲的身体状况，星野教练察觉到他的不安，并随口问了一句：“你母亲最近怎么样？”

对这名队员来说，这是一件非常值得高兴的事情。因为即使是在竞争激烈的联赛期间，教练也能够感知到他的情绪，这让他感到十分欣慰。在这名队员的母亲生病时，本来只有他一个人难过，但现在教练也陪着他一起承担，这给了他十足的安全感。

星野仙一先生果然是一名出色的教练。听完星野教练的故事，我不禁心生敬佩，认为所有管理人员都应该做到他这个程度。

通常情况下，当你想要训诫下属时，千万不要将他叫到自己的办公桌前或会议室里，让他端端正正地坐下，然后开始一场正式的交谈。这样做只会让下属变得紧张，想要尽快逃离，导致上司说的话一句也没听进去。

这种情况，实际上就是“上司和下属之间的沟通只能在正式场合进行”这一认知所带来的弊端。**要想让下属听得进去，就不要在特定场所训诫下属。**

例如，你和下属可能一起乘坐地铁外出，也可能在下班时一起等电梯。摇晃的地铁车厢内以及电梯门前，都属于所谓的“非特定场所”。我们可以对下属说：“对了，这一阵子我发现你有时候……”

这才是训诫下属的最佳方式，可以让下属觉得你只是在聊天的同时“随口说说”工作的事情。这样一来，下属会好奇地聆听你的讲话，并能够认可你的说法。此外，“随口说说”不会花费你太多时间，也能帮助你更好地与下属在会议等正式场合中进行沟通。这一方法，实际上能达到一石三鸟的效果。

9 “装傻”是一种魅力

有些人在升职成为部门经理或主管后，立刻“新官上任三把火”，努力在上任的第一天就展现出自己的威严。这是一种展示自我的欲望。我理解这种心情，但是如果我们突然间就摆出领导的架子，下属们是不会心服口服的。

这是因为大家都能轻而易举地看出你没有具备相应的实力，只是在强撑着架子罢了。这种情况尤其容易出现在那些年纪轻轻就晋升为管理层，或是通过创业成为公司高层的人身上。我的建议是：即使你的实力再强，也最好保持低调，要展现出一种“我没有能力，只能靠大家帮助我”的态度。

真正有实力的人往往会充满自信，所以根本不会在乎周围的看法。他们不仅不需要强撑门面，反而会收敛锋芒，在下属面前故意“装傻”。因为他们知道，比起一味地支配下属，这种方式更能激发下属的积极性。

事实上，那些能够“装傻”的人，大多是非常聪明的领导者。他们既不矫揉造作，也不崭露锋芒，反而会主动投身到就连底层员工都不喜欢做的琐碎事务和简单工作中。通过这种方法，他们能够展现出“装傻的魅力”，将下属的心牢牢抓住。

前文提到，我曾在一所培训机构担任董事长，这个机构主要是为那些想要考小学教师编制的人们进行培训。那时，我也希望自己能成为这样的领导者。于是我决定装傻，将全部身心投入照顾教师的后勤工作中。后来，我向大家宣布：“我从未当过老师，也从未管理过学校。我就是个门外汉，所以请大家多多帮助我，我也会尽力支持大家。”我很幸运，遇到了几位很有实力的退休老校长，他们都愿意真心实意地帮助我。我不禁感慨，当时没有摆出董事长的架子是对的。

我想提醒各位，特别是那些新上任的领导，你们一定要明白自己的责任在于照顾下属。你可以适当“装装傻”，灵活运用“装傻的魅力”这一武器。如果你只是一味地向下属表现自己，反而可能给人一种小家子气的感觉。

10 上下级共事的智慧

不管你是刚上任的领导，还是一直在担任管理职务，作为上司，你一定要牢记：是下属在为我工作，是下属在为我创造利润。如果我们能时刻谨记这一点，并且给予下属足够的帮助和支持，我们的下属就会主动思考如何才能提高工作效率，如何才能取得更好的成果。

在单打独斗的时候，我们只需考虑自己如何赚钱即可。当我们加入团队并有了下属时，可能还会坚持自己之前的想法，仍然认为“赚钱靠的是我自己，下属只不过是起到辅助作用罢了”。

例如，一些上司会在前期阶段分配给下属各种任务，到了后期却将这些工作抢过来，由自己为整个任务画上一个完美的句号。也就是说，这些上司会将下属的成果和功劳全都占为己有。如果上司拥有如此强烈的占有欲，那么将很难培养出优秀的下属，也很难提升自己的领导能力。随着任职时间的增加，这一问题也会变得越来越明显。

那么，下属该如何看待自己的上司，才能保证工作顺利进行？

“我的上司居然对我委以重任。”——先不说上司这个人是好是坏，要不是因为上司，我就不可能得到这个机会。当下属意识到这一点后，就会对上司和公司产生感激之情。这样一来，下属就会自然而然地产生“好，我要努力奋斗”之类的想法，也就能更好地发挥自己的能力。

通常情况下，几乎所有的员工都会对公司和上司抱有各种各样的不满。因此，我建议那些年长的前辈们，要时不时地提点下年轻的下属：“我们要心怀感恩，因为我们的上司给予了我们提升进步的机会。”前辈们语重心长的教诲，会给这些年轻人带来深刻的影响。

如果上司能意识到“下属为我赚钱”，下属能意识到“上司给我提升进步的机会”，那么大家的工作就会变得更加顺利，取得的成果也会更加丰硕。

这种“充满感激的人际关系”甚至可以推动商业社会的发展。上司千万不要放弃下属，认为自己“管不了那个烂泥扶不上墙的人”；下属也千万不要否定上司，认为自己“怎么可能跟着那么蠢的上司”。这样想，只会限制双方发挥自己的才能，给自己造成巨大的损失。

11 如何处理上下级关系

我非常敬仰西乡隆盛。西乡隆盛是日本“明治维新三杰”之一，他的座右铭是“敬天爱人”，意为“尊敬上天，关爱他人”。

天关爱人，人尊敬天。

父母关爱子女，子女尊敬父母。

师长关爱弟子，弟子尊敬师长。

年长者关爱年轻者，年轻者尊敬年长者。

在上下级关系中，上级应该关爱下级，下级应该尊敬上级，这是双方相处的基本原则。“爱”和“敬”是一对相辅相成的感情。读到这里，请大家思考一下你的上司与下属之间的关系。如果你作为上司，你是否做到了关爱你的下属？另外，被你关爱的下属是否尊敬你？

我们要仔细思考这两点。经常有咨询者向我求助，说自己无法缓解与下属之间的紧张关系。我会问他们这样一个问题：“你是否做到了关爱你的下属，并被你的下属尊敬？”

他们通常会有些迟疑：“这个问题有点尖锐。我认为我和那些出色的下属关系还不错。但是还有一些下属，即使我以真心相待，他们却怎么都不为所动。”

这种情况的背后可能隐藏着若干原因。第一个原因可能是这些上司自认为很关爱下属，但这种关爱并非出于真心，只是为了从员工那里得到相应的回报；或者是他们的关爱的确发自内心，但是这种关爱并不多。

上司对下属的关爱应该基于“要让他变得更加出色”这一想法。如果上司的内心还掺杂了“我希望他为了我而努力”这一类自私的欲望，那这种所谓的关爱就无法算作是真正的关爱。此外，你如果觉得“我不喜欢某位下属，他可真烦人”，就会下意识地远离他。

作为上司，我们要做的是“帮助别人”，也就是说，我们要保持这样一种心态：要将下属培养成杰出的人才，并将他们输送到社会中去。我们如果能这样想，就会发自内心地关爱我们的下属。

以上是第一个原因。另一个原因就是下属本来就没有尊敬长者的意识。对于这种下属，我们需要引导他们知道什么是“尊敬”。

孔子在《论语》中曾经说过“子生三年，然后免于父母之怀”，这句话的意思是，子女出生后，父母对其百般呵护，将其抱在怀中长达三年。也就是说，如果没有父母温暖的怀抱，孩子就无法成为独立的个体。孩子从亲子关系中学会了尊敬他人，并在成年后将其运用于人际关系中。

工作也是同理。上司给予下属真诚的关爱，下属才会对上司充满尊敬。下属尊敬上司，上司就会付出更多的关爱。这种“双向奔赴”，会使上下级关系更为融洽。

投入“爱”，得到“敬”。奉献“敬”，得到“爱”。要想构建最为理想的上下级关系，就要抓住这一关键之处。

12 发生争执并不可怕

当意见产生分歧时，双方可能都不愿意让步，最终使争论演变成一场激烈的争吵，这是一件再正常不过的事情。

人们的想法多种多样，所以无法避免在争论中发生冲突。若是双方没有任何分歧，能够朝着同一方向努力自然是好的，但这种情况一般很少见。

而且，正如《徒然草》的作者兼好法师[1]所说："不去表达意见，定会心生不满。"如果因不愿争执而将自己的真实想法咽到肚子里，就无法做到"敞开天窗说亮话"，使双方都陷入沮丧之中。

忍气吞声的确可以将某个问题暂时压下去。但是，事情过后，这个问题可能会再次浮出水面。如果你不把事情挑明，就无法彻底解决这个问题。与其这样，不如双方在争论时直接说出自己的意见，这样才能保证事情可以顺利发展。

所以，争论并不是什么可怕的事，即使演变成争吵也没什

1 兼好法师，又称吉田兼好，日本镰仓时代末期至南北朝时代的诗人、随笔家。

么大不了。不管过程如何，只要双方能够当面畅所欲言，并明确彼此意见的相同和不同之处就好。若是双方都“愿意互相协商，愿意做出让步”，就能够最大程度避免不好的结果出现。

在这一方面，我也积累了很多经验。我年轻的时候特别喜欢就某事进行讨论，也经常会与别人展开激烈的争论。时间长了，我也交到了许多亲密的朋友。在“说出自己想说的话”后，我的内心会涌出一种“目标达成”的满足感。此外，在争论的过程中，我也有了各种各样的发现：“原来还可以从这个视角看待事情。我也可以这样思考一下。”“原来这个人知道这么多的事情。”

发现这些事情后，我就会想约对方一起吃个饭，希望能和对方进行更深入的交流。这样一来，我和对方的关系就会变得更加融洽。

如果我们因意见和思考方式不同而产生“我要与他决裂”之类的想法，这表明我们并不是一个非常成熟的人。正是因为不同，才会相互吸引——这才是成年人之间应有的交往方式。

无论是在职场上还是在日常生活中，这个道理都适用。即使与他人发生争吵，也要以“谢谢你今天能让我听到如此宝贵的意见”或“我真的非常佩服你的眼界和见识”之类的话来结尾，并和对方握手告别。所谓“不打不相识”，争论有时可以为开启一段更好的人际关系奠定基础。

我们再来想象一下最糟糕的情况。你把对方骂了个狗血喷头，对方也不甘示弱，从此你们二人老死不相往来。你们的关系因为吵架而结束，留给你们的只有不愉快的回忆。这样的话，对双方都没有好处。

为了避免这种情况发生，我们在怒火中烧的时候一定要尽可能保持冷静，认真倾听对方的意见，努力理解对方想表达的真正含义，学习对方的优点。这样做可以让两个人在争吵中都有所收获，避免出现“为了争吵而争吵”的情况。

顺便说一下，许多“难以和对方和解的人”都执着地认为“我才是最好的”或“我才是正确的”。这种想法源自对名誉的欲望，即名誉欲。这类人一旦与别人发生了争执，就会认为对方是在否定自己。

我们可以试着将这种名誉欲转化为“我想拥有更多朋友”这一温和的欲望。虽然我们会在争吵中感到愤怒，但还是要试着让步，努力去和对方和解吧。

13 领导者要站在团队的后方

很多教人们如何培养领导能力的书籍中都写道："领导者应该站在前方指挥下属。"在经济快速增长的时候，这样做并没有问题。因为大家都在朝着一个明确的方向前进，领导者只需要让下属"安静地跟着自己走"就可以。但是，今时早已不同往日，在当下的大环境中，领导者需要一边判断情况，一边摸索着前行。

如果领导者沉默不语，下属就无法知晓前进的方向，进而陷入无尽的迷茫中，最终只能呆若木鸡地望着领导者前行的背影。因此，虽然领导者一直都走在最前面，但当他回头看时，可能会发现身后没有一个下属跟上了自己的脚步。

那么，我们应该如何避免这种情况发生？

在这个时代，我认为领导者最好能站在团队的最后面，也就是做一名"仆人型领导"。不过，仆人型领导并不是要像战国武将那样击退从身后追来的敌人，而是要在后方给予下属支持，并向下属发号施令。

比如，登山队的队长必须始终走在队伍的最后，观察每名队员的身体状况、疲劳程度和心理状态。队长要时而鼓舞士气，时而纠正队员的错误，以维持团队的纪律。这就是我所说的“仆人型领导”。

从后方观察，可以清楚地看到下属的情况和举动。领导者可以让下属“再加快点速度”，或者告诫他们“慢一点也没关系”“不要偏离太远，向中间集合”，等等。

领导者要随时确认团队是否在朝着同一方向前进，并时刻关注下属的工作态度和心情。应该在判断情况的同时紧密关注这两个方面，以提高团队的生产力。

请各位领导者从现在开始改变一下自己的想法吧。不要再“让下属跟着我走”，而是要“和下属一起出发”。

14 好团队可以“背对背”

我们经常会在西部片或历史剧中看到这样的场景：面对包围而来的敌人，两个英雄背对着背，用枪或剑等武器进行殊死抵抗。

为什么两个人要背对背战斗？这是因为他们需要各自“解决 180 度视野范围内的敌人”。这种“阵形”可以帮助他们实现 360 度全方位防守，并且还可以向敌人持续发起进攻。与此同时，背对背的两人还可以通过后背来感知对方的情况。也就是说，每个人都了解目前自己所负责范围内的敌情如何，并清楚自己应该如何应对，然后将这些信息通过背对背的方式迅速地传递给队友。

因此，我们也可以在团队合作中使用这种战术。首先，我们要制订一个共同的目标，统一团队的前进方向。接下来，我们要根据团队成员的情况、个性、能力和擅长领域等因素，来明确团队成员的分工。这样一来，不管这个团队是有两名、三名还是十名成员，队员们都能采用背对背战术来应对挑战。

如果领导者安排每个人都做相同的工作，就一定会出现纰漏。此外，如果领导者在分配工作时没有做到人尽其才，就会让其他员工对于人员安排的合理性产生怀疑，怀疑新上任的那个人“能否担当起这个工作”。因此，在分配工作时，我们要让团队成员真正做到各司其职，并让团队成员能够互相认可对方的实力，以确保每个人都能安心地工作。

此外，背对背战斗也证明了团队成员之间是相互信任的。

我说的团队合作，并不是让大家打造一个“氛围友好的团队”，也不是让大家在解决问题时手牵手、排排站。这样做既不能实现360度的全方位防御，也无法发挥每个成员的个性和专长。不仅如此，我们还需要花费更多时间来共享信息，而且会更难敏锐地察觉对方的情况，无法及时给予对方帮助。毫无疑问，这样下去，团队终将会四分五裂。

我希望大家能够牢记：团队合作时，成员们需要在相互信任的基础上进行分工，并采用“背对背”战术来解决问题。

15 如何有效防范性骚扰和职权骚扰？

性骚扰、职权骚扰、心理骚扰……这些骚扰在社会中极其常见。无论是哪种骚扰，都是欺凌弱者的卑鄙行为。

很多人因为遇到骚扰而备感苦恼，甚至产生了自杀的念头。每当遇到这样的咨询者，我都会感到愤怒和无奈。

首先，我要向大家说明：面对骚扰时，你如果只是一味地忍让退缩，就只能变成一个任由他人欺负的“沙袋”。骚扰者会从受害者抗拒、迷茫或哭泣的样子中获得满足，所以我们必须明确地释放出拒绝的信号，并坚定地进入“战斗”状态。这种情况下，我们要在心里默念口号：“各就各位！预备！跑！”

其实，我们在准备做任何事情的时候，都会无意识地默念这句话。就像小时候和别人赛跑一样，我们一听到“预备！跑！”的口号，就会立刻冲出去。

在经历了多次骚扰后，我们就会知道应该在什么时候发起进攻。当骚扰者喊出你的名字，或将视线投向你时，你就可以警觉起来：“现在即将进入‘各就各位’的状态。他马上会朝我走来。”这时，也就是在进入“预备！跑！”的环节之前，我们可以找准时机，迅速走向对方。我们可以充满气势地主动开口，质问对方："你有什么事吗？"或者跟对方说："我想和你谈谈。"这样，我们就可以先发制人，掌握谈话的主动权，并打乱对方的计划。

接下来，对方可能会陷入犹豫，或者变得局促不安："不，没什么……"这样一来，对方就会被迫中止原本想要进行的骚扰行为，而且会觉得你不是一个能随便捏的软柿子，因此放弃对你进行骚扰。

我们可以将这种方法比喻为"隔空攻击"。所谓"隔空攻击"，是指对方还处于等待"各就各位！预备！跑！"的环节时，我方就直接发动攻击，也就是在"各就各位"后直接进入"跑"的环节。对方还未做好准备，就已经被震慑击败。

很多人认为"各就各位"的下一步是"预备"。如果我们不按常规，直接进入"跑"这一环节来发动攻击，就会使对方在"预备"阶段积蓄的气势一股脑地泄露出来，将他自己击溃。

"隔空攻击"也是对抗骚扰的最佳方式。我经常在讲座中鼓励那些被骚扰的人学习这个方法，并带领他们进行实地演练。我会主动扮演"坏人"的角色，为他们提供练习的机会。我会用不怀好意的眼神看向他们，喊出他们的名字。这时，他们会找准时机，大步流星地向我走来。练习了大约十次后，几乎所有讲座听众都掌握了这个技巧。练习结束后，他们告诉我："我感觉好多了。"

面对性骚扰和职权骚扰，我们一定要充满气势，勇敢回击。

16 巧妙选择咨询对象

我先举个例子。当你去一个陌生的地方旅游，或去攀登一座陡峭的山峰时，你一般会请一名导游来为你带路。即使你和一群不认识的人在旅途中结伴而行，你们的知识和经验大概率不会比导游还多。你不找导游，是因为你不想借助他人的力量，但这样一来你就很可能误入危险区域或迷失方向，很难顺利到达目的地。

生活和工作也是如此。我明白，大家是想凭借自己的力量做到最好。但是大家要认识到，在一个不太熟悉或从未涉足过的领域中起步需要花费很多时间。能达成目标自然是好的，但人们大多都会在途中迷失方向，最后以失败告终。不管我们有多么积极，最后也可能只是在原地打转。

与其这样，我们不如去请教那些在相应领域中取得累累硕果的专家，让他们做我们的“引路人”。这样做不仅能够节省我们的时间和精力，还可以帮助我们在最短的时间内取得最显著的成效。

在这一过程中，“人际关系”发挥了至关重要的作用。我建议大家梳理一下你都认识哪些领域的专家，并将他们编织成一张属于自己的“人际关系网”。

在需要运用到人际关系时，我们可以去找那些“专业对口”的人。比如，这个领域的事情适合去问这个人，那个领域的事情适合去问那个人，这个问题适合去问另一个人……以此类推。

我们要尽可能地细分这些人的擅长领域，并根据自己的需要进行选择。例如，在从事律师这一职业的人中，有的人精通商业法规，有的人擅长处理民事案件，有的人对专利事务颇为了解，可谓是“术业有专攻”。房地产行业也是一样，每个领域都有各自对应的专业人士。例如，物权相关的问题可以找这个人问，建筑相关的问题可以找那个人问，室内设计可以找另一个人问，办理手续的相关事宜可以找那个人来问……

也就是说，你如果结识了各种领域的专业人士，那么当你遇到困难或踏入从未涉足过的领域时，就可以向对应的专家寻求建议。

我可以断言，如果能充分运用手里的人际关系，会对我们的工作量、工作效率、工作范围产生很大的影响。

不仅是工作，日常生活中的“专家资源”也会对我们帮助颇多。例如，与懂行的人一起欣赏古典音乐会，可以帮助我们大大拓宽自身的兴趣领域。另外，当你第一次前往某个陌生的地方旅游时，如果有熟悉当地的人为你带路，或是提前告诉你一些旅行中的注意事项，那么你的旅程将会变得更加有趣。

总的来说，人际关系是一笔珍贵的财富，它能让我们的工作和生活变得更加丰富多彩。有意识地结识各种人才，等同于拓宽人生的视野。因此我建议大家，要多与不同类型的人进行交流。

17 信息来源于人际关系

人际关系广泛的一个优势在于能为我们提供更丰富的信息资源。

可能会有读者提出反驳意见：就算没有人际关系资源，我也能从互联网上获取大量信息。但是，事实果真如此吗？

互联网等媒体上的确充斥着各种信息，方便我们检索的同时，也会充斥着冗余的信息。例如，当我们想做一些调查，搜索某件事情的来龙去脉、已经公开的数据时，这些媒体会为我们提供极大的方便。如果信息是源自可靠的组织或个人，那么就可以说它具有很高的利用价值。但是，媒体报道往往掺杂了大量来自报道者（包括报社、杂志社、电视台等）的主观评价。另外，媒体有时会故意隐瞒信息不报，有时会歪曲舆论导向，使新闻内容与真实情况大相径庭。

不仅如此，现在网络上到处都是所谓的“业余记者”，这些“记者”会发布一些或真或假的消息。放眼望去，网上的信息大多真假参半，不可一概而信。这些信息多是并不公道的评论和毫无根据的流言，还有一些是为了操控舆论编造而成的信息，以及缺乏专业知识或相关经验的人胡编乱造的内容。

确切可靠的信息通常出自那些值得信赖的人。信息一旦通过媒体传播，就会被很多人在短时间内轻松获取。这样一来，这个信息就不算是“只有我知道的信息”。

多数情况下，有用的信息通常是指未经媒体传播、只有身处现场的人才知道的信息。因此，从“可以抢先一步获取尚未公开的信息”这一角度来看，“从别人那里获取的信息”具有很高的价值。

《孙子兵法》中提到了“信息”的重要性：“必取于人，知敌之情者也。”这一观点尽管已有两千五百年的历史，但仍然适用于今天。在获取信息如此迅速、如此容易的时代，我们需要重新认识一下“从信赖之人那里获取的一手信息”有多么宝贵。我之所以呼吁大家扩充人际关系，也是为了让大家能获取更多的一手信息。

第四章

与自己友好相处

1 才能源于“爱好”

日本的年轻人中曾掀起过一次“通过旅行寻找自我”的风潮。这些年轻人因为不知道自己想要做什么、自己有什么才能，所以选择出去旅行，希望通过旅行来开阔自己的视野。他们认为，自己肯定能在旅途中找到这些问题的答案。

很遗憾，很多时候他们并不能得偿所愿。因为旅行只会让大家觉得“旅途中发生了很多有趣的事，让我收获满满”，并没有帮助大家找到问题的答案。

但是，这些年轻人就算不去旅行，也不知道自己想要做什么，这的确是一个让人头疼的问题。我开始怀疑，这是不是因为人们未能好好聆听自己的内心而迷失了方向，或者是因为长时间浸泡在这个过于富足的时代里而渐渐失去了欲望。

只有做自己喜欢的事情，才能发挥出自身的才能。不管一份工作“能赚多少钱”，也不管一份工作“能为社会和人们做出多大贡献”，如果我们不喜欢这份工作，就无法坚持做下去。做自己不喜欢的工作，会限制我们发挥自身的才能。

我们如果想要发掘自己的才能并找到自己真正想要做的事

情，就必须回想一下自己“小时候喜欢什么”。这时，我们不是要先考虑自己应该去从事什么职业，而是要考虑如何去做自己喜欢的事情。

现在想想，我小时候还真是个怪小孩。我会整天盯着天空，怎么看也看不够。不过，这似乎是一种才能——比起奔跑玩耍，我更喜欢专心致志地观察事物。我喜欢聚精会神地坐在桌前，一头扎进中国古典文学的世界里。在我成年后的每个阶段中，都能找到这种发自内心的“爱好”的影子。

如果我们能珍惜这种“爱好”，那么即使不清楚自己想要做什么，也能够自然而然地找到生活的方向。就算我们的家人和周围的人都持反对态度，或是我们正处于不利于自身的环境之中，我们也绝对不会迷失方向。

能够帮助我们克服困难、跨越障碍的法宝，正是我们发自内心的“爱好”，也是经过打磨后闪闪发光的长处，即我们常说的“天赋”。

只要能认识到自己的天赋，就可以轻松发挥自己的长处，并抓住生活中的机遇。这时，我们的“爱好”也会升级成“享受”。

2 控制情绪的方法

作为人类，拥有喜怒哀乐是一件再正常不过的事情。但是，我们要避免情绪突然失控，不能突然就对别人大发雷霆，或是毫不掩饰自己的情绪给周围的人带来不快。

另外，在和别人比赛、争论时，一旦头脑发热，就再无胜利的可能。我们千万不要太过激动，哪怕是在无须追求胜负的情况下也要保证情绪平稳。若是情绪波动过大，就会导致我们判断失误，使我们开始质疑自己的能力，最终陷入痛苦之中。这样，对我们来说只有百害而无一利。

每个人都有过这方面的经验。即便如此，还是有很多人因为无法控制情绪而深陷烦恼之中。《中庸》一书中也强调“喜怒哀乐之未发，谓之中”，可见古人对控制情绪一事非常重视。

其实，我也曾是个非常暴躁的人，为了控制情绪付出了许多努力。经过训练，我终于可以完全控制住我的暴躁情绪。我的想法是：“拥有喜怒哀乐是件好事。我不是要消灭我的情绪，而是要努力让自己能在情绪失控的瞬间控制住它。”也就是说，情绪状态持续时间过长并不是一件好事。

我所说的情绪，不仅仅是指愤怒、悲伤和痛苦等负面情绪，如果欣喜若狂的状态持续时间过长，也会为我们带来负面效果。一旦沉醉在欢愉和快乐中，就会想向别人炫耀、吹嘘自己。这样一来，“骄傲”就会演变成“傲慢”。

我来向大家分享一下我训练情绪的方法。在刚开始训练的时候，如果我们出现了愤怒的情绪，就可以随心所欲地发泄怒火，直至愤怒平息。如果这种状态持续了一周，那么在下一次愤怒时，我们可以设定一个“只愤怒四天”的目标。然后，我们可以逐渐缩短愤怒持续的时间。这次是两天，下次是一天，接下来是半天，再下一次是三小时……以此类推。当时间减少到一小时左右时，就基本没有什么问题了。无论发生什么事情，我们都能够在短时间内控制住情绪。

其他情绪也是如此。通过这种训练，大家能提高“控制情绪的能力”，这能让你在短时间内恢复到内心毫无波动的状态。换句话说，这种训练是在帮助我们与自己的喜怒哀乐建立友好关系，并对这些情绪加以驯服。这一方法实用性极高，大家可以尝试一下。

3 在面馆锻炼决策能力

我想和大家分享一个有些难为情的故事。我年轻时曾是个优柔寡断的人，几乎没有任何决策能力。即使去买一些稀松平常的东西，我也会犹豫不决。现在想来，可能是因为我当时并不知道自己到底想要什么。

不过，我们要知道：一个人若无决策能力，将无法担任公司董事长等职务。于是，我下定决心要训练自己，一定要培养出决策能力。

但是，我们该如何去训练决策能力呢？要知道，**如果连简单的事情都无法决断，就更别提其他困难的事情了。所以，我们可以先从简单的事情开始，来逐步提高自己的决策能力。**

大家可以从“中午吃什么”这件事情开始。当时，我所在的公司旁边有一家面馆，于是我决定每天都去那里吃饭。我要求自己在坐下的那一瞬间，就决定好自己要吃什么。我以前在这家面馆点餐时总是犹豫不决。服务员在我身旁等得不耐烦，有时甚至会直接催促我：“这位客人啊，请您尽快点餐。”

既然要培养自己的决策能力，就不能再允许这种情况出现。我会直接推门而入，在听到店员说“欢迎光临”的一瞬间，我就毫不犹豫地说出我的选择——“天妇罗盖饭”或“荞麦面”。这样坚持了一年之后，我变得可以快速地做出决策。

同时，我惊讶地发现，周围的人都开始夸我：“田口先生，你的决策能力真强，你真是个果断的人。”要知道，一个人若能持续做好简单的事情，那么更难的事情也将不在话下。

顺便说一句，我在训练自己的时候，会抢先坐在店里最中间的位置。我以前是一个优柔寡断、畏畏缩缩的人，所以现在要大大方方地独自坐在中间，来培养自己的胆量。然后，我发现了一个有趣的现象：如果在我后面来了十位客人，那么大约有八个人会点和我相同的东西。这让我意识到，原来很多人都缺乏决策能力。

经过此事，我可以断言：面馆等餐饮店绝对是锻炼胆量和培养决策能力的最佳“舞台”。

4 学会“清扫”自己的大脑

如果大脑一片混乱，我们就看不清自己的现状，不清楚自己在思考什么、想要表达什么、想要采取何种行动。这样一来，我们与社会之间的纽带将会岌岌可危，我们的人生也将充满坎坷。

此外，那些忙于工作、恨不得自己能长出三头六臂的人，大多都“没有在大脑里整理好自己要做的事情”。要知道，面对再多工作都能够有条不紊地整理、分类并高效执行的人，才算得上是“头脑清晰的人”。

若想随心所欲地生活，并做好工作中的每一件事，我们就得时刻“整理自己的大脑”。

大脑该如何整理呢？其实关键在于“清扫”。在日本江户时代的幼儿教育中，有一门名为“洒扫”的科目，可以帮助孩子们深入学习清扫的方法。学会清扫，一共有三个好处。

第一，可以培养我们的整理能力。

学会了清扫，也就学会了如何根据物品的种类和用途决定存放位置，养成在不使用物品时将其放回原处的习惯。这是为了下次想要使用某个物品时，能立刻把它找出来。这样做既可以避免杂物占用更多的空间，也能省去寻找东西的时间和工夫。

我们如果能在平常生活中将物品整理得井井有条，就能做到整理好自己的大脑。换句话说，整理大脑就是在大脑中为最重要的事情留出一定空间，并根据轻重缓急来依次处理各类事情。尤其是领导者，必须能够好好整理并处置那些从天而降的大事小情。因此，清扫也应该成为储备干部们的“必修科目”。

第二，可以培养我们感知清新氛围的能力。

房间打扫完毕后，会变得焕然一新，让人心生愉悦。特别是在夏天的早晨，我们可以在打扫完房间后在地上喷些水。喷完之后你会发现，周围的空气也变得清新起来。一个孩子如果从小能感受到这种空气的清新，就会在脑海中留下极其深刻的印象。这种印象，会让他在接下来的人生中也时刻想要保持整洁。

第三，可以让我们更加珍惜身边之物。

我在前文中提到了日本棒球运动员铃木一朗先生。他在比赛结束后，会花费一小时左右的时间来仔细擦拭手套，这也算是一种清扫。学会清扫，可以让我们更加珍惜那些重要之物，并且不懈地对其精雕细琢。这些习惯也有助于我们“提高自身能力”。

因此，清扫不仅仅能够让周围环境变得整洁，还能锻炼我们整理大脑、提升思维的能力。毋庸置疑，清扫过后，我们的头脑会变得清晰，我们会明白自己该做什么、该说什么。与此同时，所有的事情也会逐渐变得顺利起来。现在开始行动并不算晚，请大家也开始清扫自己周围的环境吧。

5 解决烦恼前，先写下来

客观看待自己是一件相当困难的事情。人们都习惯“宽容对待自己，严格要求他人”，通常并不会严格要求自己的想法和行动。

尤其是在烦恼的时候，我们很容易陷入主观思考的陷阱中。尽管烦恼源于自身，但我们总是将责任归咎于自身以外的人或事。我们会埋怨他人、埋怨公司、埋怨这个时代，因为这样可以让自己不那么自责。

然而，这种方法并不能帮助我们提升自己。要想解决问题，就得客观地看待自己，弄清楚哪里出了问题、自己到底想要做什么。

虽然我并非专业的心理咨询师，但从我年轻时开始，经常有人向我请教这些问题。我也欣然接受，但是我发现接受咨询占用了我大部分的工作时间。于是，我想到了一个办法：可以让对方提前写下自己的烦恼。这种方法既可以帮助咨询者客观地看待自己，也可以让他们好好整理一下思绪。

当有人特地来找我咨询一些困扰多时的问题时，我也会向他提出要求：“抱歉，因为我也需要时间思考，所以可以麻烦你先将你的烦恼写下来发给我吗？写大约四百字。”

这些人都接受了我的提议。但是很奇怪，大约有 80% 的咨询者没有发给我任何消息。我觉得这种情况好像不太对劲，所以我会打电话回访这些咨询者。

“你还没有把你的烦恼写下来吗？”

“啊，我已经解决了我的问题。真是不好意思，忘了提前通知您一下。”

“没关系，解决了就好。你是怎么解决的？”

“我写着写着就找到了答案。原本是想咨询一下您的，但我现在已经找到了我想要的答案。”

烦恼其实就是这样。我们只能以主观的视角看待藏在心里的事情，所以纠结再多也无济于事。我们一旦将心里话吐出来，这个事情的性质就立刻从“主观”变为了“客观”。因此，写下自己的想法可以帮助我们拥有“客观”视角，我们所寻找的答案也正藏在字里行间。

大家也找个笔记本，写几行日记吧。即使我们遇到了不愉快的事情，也可以从文字中找到赶走烦恼的办法。举个例子，我们在写下“今天我在工作中犯了错，被狠狠地骂了一顿”这句之后，可能会继续写下“其实这并不是我的错”“用不着这么骂我吧”之类的借口和怨言。但是，若是写到这里就停笔作罢，这种沮丧的情绪会一直萦绕在我们的心头。

继续往下写的话，我们就会开始反思自己，认为“其实我也有不好的地方”。最后，我们会以“今后要吸取什么样的教训”“我要一雪前耻，下次一定会做得更好”之类的感想，为今天的日记划上一个完美的句号。没有人愿意一直记着不愉快的事情，所以会借文字来消除这种负面情绪。

我也养成了把内心的想法以文字形式记录下来的习惯。正因如此，我才能看清自己的内心，有更多的发现。但是，请大家注意：如果你给别人看了你的日记，这种方法就不会发挥作用了。只有将内心的全部想法毫无隐瞒地写下来，才算得上有意义。

6 与内心的自己对话

我经常对人说："我们的心里要有'另一个自己'。"因为，我认为我们不应该做出有愧于自己的事情。比如，你在做完某件事情之后，会找借口说自己"其实不想做那样的事""其实不想说那样的话"吗？

要知道，我们自己做的事和别人怎么想没有任何关系。对"另一个自己"撒谎，实际上是给自己造成了巨大的伤害。

另外，"另一个自己"也是最了解我们言行举止的人。比如，在你情绪低落、自言自语的时候，"另一个自己"会一字不落地倾听你的心声。相反，当你势头正猛，甚至开始骄傲时，"另一个自己"会对你的做法嗤之以鼻。

也就是说，当你做出令自己羞愧的事情时，是"另一个自己"在帮你承受所有的负面情绪。如果我们无法做到让自己相信自己，就根本不可能过上幸福的生活。因此，我建议大家用"另一个自己"来监督自己的一言一行。在行动之前，我们要扪心自问："做这件事，会让我背叛自己的内心吗？”

也许在脑海中思考这件事情有点困难，这种情况下，我们可以坐在镜子面前，对着镜中的自己提出这个问题。

比如，我们在工作中犯了错时，可以对着镜子说：“我该怎么做才能把这件事瞒下来呢？”这时，镜子中的“另一个自己”会警告你：“错了就是错了，你应该承认才对吧？你还想隐瞒你的错误，这是长久之计吗？我都替你脸红。难道你不该想想怎么做才能不犯同样的错误吗？你应该赶紧补救一下，然后吸取这次的教训，争取早日成功。”

再比如，你很幸运，取得了某些成绩，周围的人纷纷向你投来羡慕的目光。这时，你会夸夸其谈：“我可太厉害了，已经打遍天下无敌手了。我要保持这个势头，继续向前出发！”

这时，镜中的“另一个自己”会非常惊讶，然后对你进行敲打：“你在得意什么呢？比你厉害的人有很多。你别因为这点成绩就得意忘形，要学会谦虚。你这样可太不好了。”

总之，只要“另一个自己”一直观察并纠正我们的言行，我们就不会误入歧途。

换句话说，每个人的心里都有“另一个自己”。“另一个自己”即“本质的自我”，可以引领我们走向正确的道路和幸福的生活。在生活中，人们往往会忽视这一“本质”的存在，但是只要心里装着“另一个自己”，就能时刻意识到这一“本质”，从而更加快速地行动起来。

当你烦恼、迷茫、不知所措的时候……不妨与“镜中的自己”谈一谈吧。那个“镜中的自己”，肯定会告诉你正确的答案。

7 判断的关键

判断力是领导者必备的重要能力之一，因为领导者的职责就是“正确判断方向，引导团队前进”。那么，究竟什么才算得上是“正确”呢？

当我再次听到这个问题时，才发现竟很难回答。不过，通过观察，我们还是可以得到一些线索：正确的“正”字由“一”和“止”组成。从结构上来看，这个字的意思是：“在这条线（一）上停止”。简而言之，这里所说的“停止线”是一种准则，即判断如何行动的基准。

一个人如果不能坚守准则，就很难在关键时刻做出抉择，并且会逐渐走上错误的道路——他会迷失方向，在应该迈出脚步的地方犹豫不决，在本该止步的地方一路狂奔。尤其是领导者，一定要时刻谨记坚守准则。领导者肩负着引领诸多成员的责任，因此在行动时必须时刻牢记准则，避免犯错。

大人应该在孩子小的时候就教会他们，准则就是“应该走的正确之路”。然而近年来的情况却着实令人惊讶：有多少人虽然已经成年，却还不知道要坚守准则。正因如此，许多人并不太理解准则的真正含义。在这里，我将引用《孟子》中的内容，为大家稍作解释。

孟子认为：身处人际社会，与他人交往时，需要牢记一个非常重要的概念——“四端”。“四端”对应“四心”。

第一种是“恻隐之心”，是指当看到别人遭遇困难时所产生的同情心理。第二种是“羞恶之心”，是指做了错事、坏事后产生的羞愧之情。第三种是“辞让之心”，是指人们在遭遇灾难或身处困境之时不会争先恐后地逃跑，而是相互谦让、想要齐心协力尽早摆脱困境的感情。最后一种是“是非之心”，即判断是非对错的能力。

按照孟子的说法，恻隐之心对应“仁”，羞耻之心对应“义”，辞让之心对应“礼”，是非之心对应“智”。用现代汉语进一步解释，即仁和礼为培养人性的基本准则，义和智为培养社会性的基本准则。最后，孟子用一句话概括了他的结论：“无恻隐之心，非人也；无羞恶之心，非人也；无辞让之心，非人也；无是非之心，非人也。”

也就是说，“人人都有四端之心，我们要将这四端之心融入一言一行中”。请大家牢记孟子的这句话，理解其中深意，并努力发展这些天生具备的品质。这样一来，我们就能更加准确地做出判断，以确保我们在行事时能够坚守准则。

8 保持平衡

我曾围绕“阴阳论”写过一篇关于平衡的文章。“平衡”在塑造人格方面也起着至关重要的作用。如果一个人能在性格、思考方式、价值观等方面保持平衡，就代表他已经拥有了健全的人格。比如，后人认为，孔子是一个“温和但冷峻、有威严但不咄咄逼人、为人谨慎但幽默风趣”的人。

因此我们可以断定，出色的人会同时具备相反的要素。例如：

- 能够在逻辑和情感、主观和客观等方面保持平衡。
- 思想从不极端，保持中庸。
- 时而不拘小节，时而细致入微。
- 充满爱心，但也会有严厉的一面。
- 做事一丝不苟，但偶尔也会做出格的事情。
- 胆量过人，同时也谨慎周到。
- 做事看似粗枝大叶，但也会留意细微之处。
- 有着运动员般强壮的身体，也有一颗细腻的心。

总之，这些看似矛盾的要素其实可以融为一体，达到一个相对平衡的状态。我们可以在不同情况下灵活运用这些要素，这将帮助我们塑造更为健全的人格。

大家首先可以进行自检，看看自己是否处于平衡状态。我们可以制作一张左右两栏的表格，将这些反义词分别填入左右两栏中，然后评估自己是否在这些方面达到了平衡。如果我们拿不准主意，可以去问问身边的人，听听他们最真实的想法。

我们都知道，营养均衡的饮食可以培养出强健的体魄。同理，全面发展的思维方式和行为举动也可以塑造出更加健全的人格。

9 战胜内心的敌人

那些力争世界第一的顶尖运动员，在赛前接受采访时经常说：“这是一场和自己的战斗，我为此已经练习了无数次。今天，我只需要相信自己，尽力做到最好。至于我的对手情况如何，我其实并没有了解过。”

其实我们都知道，这些运动员肯定早已评估了对手的实力，并制订了精密的策略。但是，他们还是在强调：这是一场和“自己”的战斗。

我希望生活和工作也是如此。从某种意义上来说，每个人都身处“战场”之中。这时，我们面临的最大敌人往往是我们自己。

近年来，社会上开始盛行不劳而获的风气，人们成天想着“有没有轻轻松松就能成功的方法”。或许正因如此，有些人甚至将崇尚“无为”的老庄思想曲解为“提倡大家什么都不用做，只需轻松生活即可”。这样一来，他们就可以安于并不完美的现状。

然而，生活中并没有这种“天上掉馅饼的美事”。只有战胜欲望，不被欲望支配，才能轻轻松松地生活。为此，我们需要将所有的精力都投入到修养自身和提高实力上。这一过程，实际上就是在为“战胜内心的敌人”而努力。

《论语》中有一句至理名言：“克己复礼。”克制自己，复归于礼。

具体来说，“克己”是指不被自己内心的邪念或私欲所左右。不管陷入何种困境，如果你用谎言去应付眼前的问题，或是被眼前的利益冲昏头脑，那么你将不会得到好的结果。因为如果这样的话，你就输给了自己。

另一方面，“复礼”是指面对任何地位或身份的人都要行为得体、怀有敬意。我们不应该通过年龄、地位、财产来评判别人，做出对上谄媚、对下不屑的样子来。这样做的话，我们终将被整个社会所耻笑。

对领导者来说，做到“克己复礼”尤为重要。否则，团队成员将变得粗鲁无礼，整个团队的秩序只会变得更加混乱。只有领导者真正做到“克己复礼”，为团队成员做出榜样，才能让团队成员都见贤思齐，进而让整个团队保持井然有序。

此外，儒家思想的基本概念——“修己治人”中的“修己”是指严格约束自己、不放纵自己、不肆意妄为。若能做到“修己”，就可能出现以下两种情况。

第一种情况：严格律己这一艰难的过程可以帮助你更好地管理他人。

第二种情况：能够获得周围人的支持。大家都认为自律的人是值得信赖的，因此他们会相信你说的话。相反，一个无法自律的人无论说出什么好话都难以让人相信。换句话说，“修己”可以降低“治人”的难度。

当你周围的声音过于嘈杂，或是当你深陷竞争，心生倦怠之时，请你一定要为自己大声鼓劲：“我要战胜自己。克己复礼，修己治人……”

第五章

与欲望和谐相处

1 拥有欲望其实是一件好事

人们的欲望并不相同，每个人都会有自己的欲望。这是一件很正常的事情。我们想要在工作中做出更多成绩，想要获得更高的职位，想要赚更多的钱，想要过更富裕的生活，想要更受异性欢迎，想要得到更多人的认可，想要吃更美味的食物，想要变得更漂亮……正是这些“想得到更多”的欲望助推了人类的成长。人类文明社会也是在这些欲望的推动下不断发展。所以，“拥有欲望”其实是一件很好的事情。

中国古典文学也对欲望予以肯定。我们可能会觉得哲学发源于圣人君子，所以哲学应该会宣扬禁欲，但事实却恰好相反。正如《论语》中“富与贵，是人之所欲也”所说，人们特别重视经济富裕和社会地位。因为在这个世界，大部分顶尖人才会同时具备这两点。

但是，我们不要忘了追求欲望的前提条件：不可任由欲望驱使，必须通过正当的手段去追求富贵生活。如果过度追求财富和地位，就会做出不道德的事。有时候，人们可能会只顾自己的利益，而忽视他人的需要。一旦这种风气蔓延开来，人们就会开始掠夺财富，社会秩序也会陷入混乱之中。

换句话说，我们不能追求会扰乱社会秩序的欲望。要知道，问题不是出自“拥有欲望”，而是出自“无法控制欲望”。

我们还要意识到，欲望必须是发自自己的真心。如果只是“因为大家都认为某件事情很有价值，所以我才想去做这件事”，那么还是趁早打消念头为好。要知道，欲望如果不是发自你的真心，最终只会让你感到身心俱疲。

我建议大家从欲望的根源出发，重新审视一下内心的欲望。只有面对真正渴求之事时，才能真正发挥欲望的动力作用。

2 “欲望油门”和“理性刹车”

踩下油门时，车辆将迅速前进。但是，如果我们驾驶的车辆只有油门而没有刹车，会出现什么样的情况呢？我们会被恐惧所包围，更别提享受驾驶的乐趣了。

驾驶车辆时，我们可以轻踩刹车，适当减速，不紧不慢地行驶；偶尔也可以停下来欣赏周围风景；或在休息时翻看地图，想想下一站该去哪儿。这种自由的驾驶方式，将给我们带来更多的乐趣。也就是说，为了享受驾驶的乐趣，我们要灵活控制好油门和刹车。

人生也是如此。踩下“欲望油门”，将推动我们快速前行；但也需要适时踩下“理性刹车”，否则我们将无法过上愉快的生活。我认为，这也是上天赋予人类“欲望”的同时，也让人类拥有“理性”的原因。

如果不加以控制，欲望就会不断膨胀。我们都知道“物极必反”的道理，当欲望过于膨胀时，就会向相反的方向发展，此时我们会察觉到一些“警告”。当我们身心疲惫、问题频出时，就是身体在提醒我们：“你做得太多了。”如果我们继续勉强自己，我们的身体会出现各种各样的症状。这些症状其实是一种信号，提醒我们“赶紧停下来休息一下”。

那么，究竟是什么在对我们发出警告？其实是事物发展的自然规律，在老庄思想中，将这种自然规律称为“道”，它不依靠任何外力而独立长存，循环运行而永不衰竭，可以作为万物的根本。我们的行为及生活，也在受到这种自然规律约束。

简单来说，“道”会对我们发出“过犹不及”的警告。我们不要无视这一警告，**要灵活控制踩“欲望油门”和“理性刹车”的频率和时机。**这既是打磨自身能力的过程，也是确保生活愉快的秘诀。

3 如何才能成为招财的人？

没有它会让人难受，有了它又难免引起争端，这个东西就是金钱。在这个世界上，一个人只要活着，就很难摆脱对金钱的渴望。这是个十分棘手的问题。

今天我将从自身经验出发，和大家分享一下该如何与金钱友好相处，并告诉大家该如何花钱和借钱才能成为一个招财的人。

首先是花钱的方法。我从年轻时就秉承“平时勤俭节约，存下一笔钱后一下子花掉”的理念。

我来举一个简单的例子。假设你的午餐预算是 10 天 450 元人民币。听到这里，大家的第一反应可能是“每天花 45 元”，但我却要“将前 9 天的花销控制在每天 10 元或 15 元”。这样，到了第 10 天，我的口袋里就会有 300 多元，我可以用这笔钱在高级餐厅享受一顿丰盛的午餐。

即使我没有多少钱，也能通过这种方法在每个月里享受三天奢侈的生活。现在我的手头宽裕了许多，但我依旧过着朴素的生活。特别是近几年，我的年龄越来越大，也变得越来越忙，甚至忙到没有时间出去花钱。所以，我不会每晚都去外面喝酒，还养成了早睡早起的好习惯。为了保持健康，我很少开车、多走路、拒绝赌博。我真的很少在这些事情上花钱。不过，我在购买书籍资料上花了很多钱，多到让那些日本有名的大书店都感到吃惊。这是我对自己的一种投资。

据我了解，最近有越来越多的年轻女性开始购买金融产品。我认为，这是因为大家的心底都潜藏着“想轻松赚钱”的欲望。虽然购买金融产品和购买书籍都属于投资，但我并不认可这种投资方法。赚钱轻松也意味着容易亏钱，这是一件非常危险的事情。

在投资时，我们不应该把目光投向金融产品，而应该投向自己。投资自己，会使你的价值自然而然地提高，财富也会随之而来。也就是说，投资自己会让你成为一个招财的人。

接下来，我想谈谈应该怎样借钱。

我四十多岁时成立了一家咨询公司，经历了不少风波。当时，公司大约有一百名员工，其中有十余名员工的薪水比我还高。当时我在东京租了一间极贵的办公室，为此背负了巨额借款，一直为资金周转而苦恼。最后，我不得不解散公司，打算大幅缩减规模，从头再来。在那个时候，我领悟到：“在事情进展顺利时，金钱所带来的烦恼要远远少于不顺利时。”

经历了这件事后，我明白了一个道理：如果要贷款，就要规划好未来三年的收支情况。一旦背上贷款，就要赶紧偿还完毕，哪怕是削减日常开销也在所不惜。只要贷款的人能做到这一点，就基本不会出现问题。

其实，贷款有助于培养良好的理财能力，还可以让我们在还清所有贷款的那一刻体会到无法言喻的愉悦。这些收获，都将为我们接下来的工作提供动力，进而形成良性循环。

4 没有时间见面，也能培养爱情

我经常听到别人发牢骚："我工作太忙了，总是一连加班好几天，根本没时间约会。"

在恋爱期间，当一方忙碌时，另一方就会产生不满："难道你认为工作比我还重要吗？"忙于工作的一方也会暗自赌气："不是我不想和你约会，而是我根本就没有时间。"除此之外，还有一种情况也很常见，那就是双方都忙得脚不沾地，谁也抽不出时间和对方见面，因此会双双陷入焦躁的情绪中。

我们分析完以上两种情况，就可以发现：问题的根源其实在于"时间"这一现实因素。一天只有短短 24 小时，所以人们才会因没时间约会而备感烦恼，无法满足自己想好好谈一场恋爱的需求。

不过，我想和大家分享一下我的看法。你之所以会拥有这种烦恼，是因为"你并不明白什么是心灵上的交流"。就算没有时间见面，你们也可以随时进行心灵上的交流。

适时在网上谈心，可以让双方都有所触动。这种触动，有时甚至比实际见面时的感情激烈得多。就算不与对方交流，也可以在心底默默地思念对方。之所以能在思念恋人的过程中收获满满的幸福，是因为“思念”也属于一种心灵沟通。

我有一只名叫富贵的宠物狗。它不是我的恋人，但我就像爱着恋人一样爱着它。我每天都忙于工作，所以我们在一起的时间并不多，但我从未有一刻忘记它。

我曾做过一个实验。我请一对异地情侣分别记下思念对方的时刻，在排除通信工具等影响的前提下，来对比一下这两个时间是否一致。

在五次的实验中，有三次的时间几乎完全一致。说明你在思念对方的同时，对方也很有可能在同一时间思念着你。因此只要心怀眷恋，两人之间并不会因为距离等因素变得疏远。

当然，还是会有读者反驳我：“虽然你说的有道理，但是我还是想和他（她）见面，想和他（她）待在一起。”

其实，这一问题的源头还是在于你的“思念”有多强烈。如果你真想和你的恋人见面，可以提前定好见面的日子，并做好工作安排，提前完成手头的工作。这不仅可以让你早日实现愿望，还可以帮助你提高工作效率，可谓一举两得。另外，见面的时间并不一定要定在工作结束后。如果实在没时间的话，也可以一起吃个午饭，或是直接来一场“早餐约会”。

总之，你要是真想和对方见面，就会做出各种各样的努力。

日本镰仓时代初期的禅僧——道元禅师曾提到“全机

现”一词。“全机现”教诲人们，“无论做什么事情都要全力以赴”。所谓“生也全机现，死也全机现”，即“无论是生是死，都要全力以赴，这就是人生”。

按照这种思想来说，“恋爱也是全机现”。请大家牢记这句话，并明白以下这一点：**无论你有没有时间和恋人见面，都要时刻将对方放在心上，并珍惜自己思念对方的时间。**

5 比起性欲，更应重视精神满足

性欲是人类的欲望之一。在年轻时，性欲尤为旺盛。就连孔子也说过：“少之时，血气未定，戒之在色。”意思是年少的时候，血气还不成熟，要警惕对女色的迷恋。

总的来讲，人类若没有性欲，就无法绵延子嗣，更不用提子孙昌盛了。对人类来说，性欲是一种重要的欲望，所以我们无须刻意压制它。但是，也正因如此，我们才需要对性欲适当地加以控制。孔子还说过：“吾未见好德如好色者也。”翻译成现代汉语，即“我没见过像垂涎美色那般追求道德的人”。从这句话中，我们可以发现：很多人在色欲中迷失了自己。

也就是说，虽然性欲旺盛不是什么坏事，但我们需要适当地自我控制。如果只是因为一味地追求性快感而多次纵欲，会对身体造成损伤。此外，前文所提过的阴阳思想认为女为阴、男为阳。因此，男女本来就是互相吸引的。除了肉体交缠的快感，精神上的联结所带来的愉悦也充满了神秘的力量。

换句话说，如果人体正处于平衡状态，生命的能量就会大幅提升。但若是因一味追求性快感而打破了这一平衡，就会削弱自身的精力——身体会向你发出警告信号。因此，我们需要克制性欲。

在我年轻时，我的母亲曾提醒我："你很容易陷入情网，容易被色欲蛊惑，可要多加小心。"母亲的劝告让我避免了"色令智昏"的情况出现，因此我很感激我的母亲。

如果周围没人提醒你，那就只能自己时刻提醒自己。特别是那些容易陷入情网、容易遭到"色诱"的人，当你即将被色欲冲昏头脑时，不妨回想一下阴阳思想，在心里默默地问问自己："在这种情况下发泄性欲是对还是错？会不会伤害我的身体？比起泄欲，有没有其他更应该做的事情？"

我认为，一个人如果始终都能做出清醒的判断，就一定能做到谨言慎行。

人这一生，做什么事情都不能"过度"。虽然我不是孔子，但我也将那些本应投入在性欲中的激情和能量转化到了工作和个人发展中。我认为，这也是控制性欲、保持清醒的方式之一。

我是这样看待体力和精神力量之间的平衡：人类的体力和精神力量会在 30 岁时达到同等的巅峰状态。过了 30 岁，体力会急速下降，精神力量则会急速升高。也就是说，在 30 岁之后，我们需要通过精神力量来弥补体力的衰退。性欲也是如此。随着年龄的增长，我们不妨将满足性欲需求转为满足精神需求。

6 及时断绝跨越雷池的男女关系

在婚姻相关的烦恼中，婚外恋占据了相当大的比例。

婚外恋本身就是对婚姻的不忠，也是不被承认和允许的。因为对方已有妻子或丈夫，组建成了家庭。破坏别人的家庭是一种违反道德的行为，并且会对对方的配偶或自己的父母造成伤害，万万不可为之。

有些人一边搞婚外恋，一边又觉得“我的内心饱受折磨”“我没办法和对方结婚，我很伤心”“偷偷摸摸地搞地下情让我感觉很压抑”等。这些人纯粹是在自说自话，自我安慰。这些人不应该只想自己是否痛苦，而应先考虑这一畸形的恋情是否给别人带来了痛苦。

婚外恋本身就是错的，本来就是应该被指责、被批评，所以出轨之人大概率会产生一定的罪恶感。明知是错，还要去做，这简直是为罪恶的滋生提供了温床。你如果不想陷入痛苦，那从一开始就不应该开启这段不该发生的恋情。

因此，我要给那些深陷婚外情的人提出以下建议：不论如何，你们应该尽早斩断孽缘，回归正当关系。

7 所愿皆所得

到目前为止，我已围绕欲望讲了很多。总而言之，我们只要拥有一个欲望便足矣。有了这个欲望，就可以满足所有的欲望。我们甚至不需要主动追求什么，就能源源不断地得到所有想要的东西，成为一个幸福的人。这个欲望是什么？其实，它就是想要“以学明德、以行践德”的意愿。

那么，何谓“明德”？简而言之，“明德”就是尽自己所能去帮助他人。

社会是由我们自身和其他个体组成的。如果我们在这个社会中只追求个人利益，那么周围的人会如何评价我们呢？别人会想：这个人真是贪婪又自私，可千万别和他有什么交集，尽量离他远点。这样一来，我们就会被别人孤立。

没有人愿意与利己主义者交朋友，也没有人愿意在利己主义者陷入困境时对他伸出援手。因此，贪婪的利己主义者往往会孤立无援。即使他们能暂时获得成功、被别人赞美，但最终还是得不到他们想要的东西。那些出于私欲而苦苦追求到手的东西，最终都会离开我们身边。这就是人世间亘古不变的道理。

我们再来想想：那些能够换位思考并付诸行动的人又会是怎样的呢？

大家会对这种人表示感激，并产生仰慕之情。当这种人遇到困难时，其他人都愿意伸出援手，甚至愿意为他做出一些牺牲。

如果能通过积德行善来和周围人建立良好关系，就无须再去刻意追求所求之物。因为这样一来，我们就能自然而然地进入“所愿皆所得”的状态之中。这就是“互相感激的人际关系”所带来的善果。

儒家经典“四书”之一——《大学》中有这样一句话：“物有本末，事有终始。知所先后，则近道矣。”这句话是说：“每一样东西都有根本、有始末，每件事情都有开始有终结。明白了本末始终的道理，就接近事物发展的规律了。”

如果你发现自己得不到内心所求，那是因为你从一开始就在一味地“追求”。事情有本末、终始和先后，从一开始就想着得到善果，可谓本末倒置。我们要从以学明德、以行践德开始。

听完我的解释，相信各位读者已经明白了想要以学明德、以行践德这一意愿的重要性。这将为我们处理欲望提供极大的帮助。

第六章

打造坚强的自己

1 做好“生而孤独”的心理准备

人独自来到这个世界，又独自离开这个世界。这就是人类无法摆脱的宿命。最近有很多人都莫名其妙地害怕“孤身一人”，或许是因为他们不愿意承认这一宿命，也或许是因为他们还没有做好准备。最典型的例子就是人们都害怕“孤独死”，害怕一把年纪孤孤单单地去世。

弥留之际却无人陪伴，的确是一件寂寞的事。因此，我理解大家为什么一想到这种情况就会产生不安情绪。但是，我还是想告诫大家：“请大家坚信，人类的本质就是孤独。”当你拥有了这样的觉悟，就会变得更加坚强，不会再被周围的声音扰乱心绪。同时，你会感到独处的时光是多么宝贵、多么有趣。

我也是在经历了下面的事情之后，才切身体会到这一点。

25 岁那年，我正从事电影相关的工作。我在泰国曼谷郊外的村庄取景时，遭到了两头水牛袭击，导致我的内脏脱出，差点丢了性命。当时，拍摄组必须继续进行拍摄任务，不能耽搁工作进度；就算我想让家人从日本赶来照顾，也并不是一件容易的事。我一个人躺在医院里，和死神打了好几次照面。

那时的我想着，一直以为人们都是在亲戚朋友的陪伴下留下遗言后才离开人世，原来事实并非如此。现在，只有几名医护人员知道我的存在。我在这里无亲无故，几名医护人员对我的态度也很平淡，没有丝毫的关心。我从未想过自己会在这种情况下死去，不禁从心底涌出一丝孤独。或许，孤独才是人类的本质吧。在那一年，我体验到了一种“绝对的孤独”。

我非常幸运，最终逃离了死神的魔爪，捡回了一条小命。从那时起，我才明白孤独的美好之处，终于理解了“人类终究生而孤独”的真正含义。因此我下定决心，要更加珍惜独处的时光。

实际上，独自一人是一种很好的状态。例如，与伙伴一起旅行固然有趣，但有时你可能会产生这样的念头：“如果只有我一个人，我就可以去那里了”或者“如果只有我一个人，我就可以慢慢悠悠地到处逛逛了”。要知道，这种状态在任何情况下都有一个很大的优势——“自由”。

我并不希望大家拥有和我一样惨痛的经历，但是我希望大家能够看清人类的孤独本质，能够勇敢地直面孤独。这样一来，你就能变得更加坚强，不会害怕孤身一人。

讲到这里，我想请大家品读一下日本高僧良宽的名言。

这句名言虽然很短，却意味深长："独生、独死、独坐、独思。"人类是独自出生，独自死去，独自修行，独自思考，再次转世独自回到世间。

2 懂得孤独的人，不会被孤立

人是不能独自生存的。在漫漫人生路上，总会有人在明里暗里为我们提供帮助。因此，虽然人是独立的个体，但也正如前文所说，我们需要以德待人，建立起“充满感激的人际关系”。

然而，正因为体会过刻骨的孤独，才会更加珍惜眼前人。懂得孤独的人，也能深深地体会到人际关系的可贵之处。相比之下，那些总因孤独而感到不安，总是依附于他人或者总是“渴望抱团”并拉帮结伙的人，反而很难建立起良好的人际关系。这类人可能是想“利用别人来排遣自己的寂寞”，也可能是想混迹到人群中来寻求所谓的“安全感”。因此，他们通常会让周围的人感到很不舒服。

事实上，懂得孤独的人反而不会被孤立。懂得孤独的人即使“没有亲密的朋友”，即使“因长期独自生活感到寂寞”，也不会因孤独而叹息。因为，优秀的人，都懂得享受一个人的孤独。

- 越是有能力、优秀的人，看待孤独越深刻。对他们而言，孤独并不是落寞，而是能让自己沉淀和反思的绝佳环境。
- 当你身处孤独当中的时候，你可以从孤独中看到最真实的自己，而且可以趁此机会改变和提升自己。
- 享受孤独的人，懂得把孤独过得像寻常的日子，也懂得在孤独中找到属于自己快乐和舒适的状态。
- 处在孤独当中并能享受孤独的人，往往都是更为优秀的人。要知道，耐得住寂寞也是一种能力，静得下心来更是一种了不起的心境。

听了我这样的解释后，很多学员都受到了鼓舞，他们感觉身体中涌出了一股新的力量。我们如果能这样想，就可以从毫无意义的孤独中脱身而出。这样，我们就会成为一个能够直面孤独、充满自信的人。即使我们保持沉默，也会有人来主动结交我们，进而开启起一段新的人际关系。

3 无依无靠，也能成长

一位在报社工作的女士曾给我讲过她的故事。

在我刚入这行的时候，我突然被上面指派到了记者俱乐部[1]，而且只有我一个人被指派到那里去。我当时对这份工作一无所知，周围全是来自其他公司的陌生人，工作起来真的非常吃力。

因为周围没有可以依靠的人，所以我只能悄悄观察其他人，并模仿他们的做法，一点点摸索着来。唉，现在想想，当时自己也在这种环境中得到了锻炼。

值得庆幸的是，有很多人愿意帮助我。我一直独自跌跌撞撞地工作，可能他们实在是看不下去了吧。每次回想起大家给予我的温暖和帮助时，我就会感觉自己一个人被指派到记者俱乐部也不算什么坏事。

1　日本的“记者俱乐部”是由各个新闻机构的记者所组成的组织，主要进行采访和报道。这些俱乐部通常根据不同的机关（如省厅、地方警察、县厅等）设立专门的组织，以便对相关机构进行持续报道。

通过多年的观察，我发现许多像她一样从一开始就在职场中单打独斗的人都会在工作中获得成长。我们在工作中孤军奋战时，会感到焦虑、痛苦，不知该如何去推进工作。但是，这些都会为我们日后的成长打下坚实的基础。

我曾经为某家处于上升期的大型企业做过一场新员工入职培训。在台下的听众中，有一位男性员工便是如此。他入职没多久，就被上司派去独自经营一家分支机构。他真的贯彻了“公司是我家”的理念，从推销产品到商品交易，再到事务性工作，各种大小事宜都由他一个人负责。

听到这里，我们可能会认为这家公司的做法有些不近人情。但是，这个分支机构就在这名员工的老家。而且最重要的是，公司认为他有能力做到这一切，因为他是一位非常优秀的员工。

在这个过程中，他也的确经历了相当大的困难。这是他第一次工作、第一次独自生活，所以在刚开始的时候，他经常会给我寄来长长的信，满篇都是数不尽的烦恼和忧愁。他不是想问我该如何处理工作，而是想要请教该如何看待“独自工作”这件事。

于是，我们开始了源源不断的沟通。除了书信往来，我也会在他来东京的时候一起小酌一杯。随着交流的深入，他开始能够忍受孤独。不知不觉间，“人类终究生而孤独”成了他的信念，他不仅不会再像其他新人一样感到孤独，还克服了很多新人常有的缺点。渐渐地，他也不再害怕独自工作这件事了。

他一个人工作了五个年头，在这五年里以惊人的速度成长。他说：“我学会了如何分辨人心。我能够区分哪些人是以真心待我，哪些人是虚情假意。”他的这番话，给我留下了非常深刻的印象。因为他是独自一人，可以直接与对方交流，无需经过上司这层“屏障”。所以，他培养出了用眼睛读懂对方内心的能力。

另外，他能够按照自己的想法行动。他的身旁没有上司在时刻“监视”，因此他的工作要相对自由一些。也就是说，他会抓住工作中的每一种可能，不放过任何一个挑战自我的机会。当然，由于他比较出色，偶尔也会有“枪打出头鸟”的情况出现。但是，这也是一段非常宝贵的经历。

很多听众都像前文提到的那位女性一样，都是从独自一人的状态开启他们的职业生涯。他们都在成长。在孤独环境中所获得的无声教诲，有着难以估量的价值。

4 独狼的生活方式

大家都听说过“独狼”这个词吧。“独狼”是指离开群体独自生活的狼，也用来比喻那些独来独往并坚持独立思考、独立生活的人。

我认为做人就应该像独狼一样。我所说的“独狼”，是要以自食其力为前提。也就是说，我所认为的“独狼”是指无论身处群体还是离群独处，都有足够的力量独自生存的人。

我并非要强迫大家“离开群体独自生活”。实际上，狼属于群居动物，但有些狼也完全可以独立生活。换句话说，正因为它们有能力独自生存，所以才会更珍惜群体生活，才能够发自内心地感受到群体有多么重要。

公司也属于群体。要想提高群体的凝聚力，就必须培养每个员工“忍受孤独的能力”。因此，我建议公司在对员工进行入职培训时就彻底教会他们这一点。如果错过了这个时机，就要在平时的相处中对员工进行教育。

那么，该如何进行教育呢？我来为大家提供两种思路。

一种是“团体培训”，也就是将同一级别的员工聚集到一起进行培训。这种方法在公司中十分常见，可以让员工更清晰地看到自己和他人之间的差异——这是这一方法的最大优势。

员工们在接受团体培训后，可能会说："原来还可以这样想、这样做。好的，那我也试试。""那个人的想法和做法都存在这样的缺陷。我要见不贤而内自省，用以下这种方式来做这件事情……"

员工只要察觉到了差异，就能清晰地看到自己的优势和劣势。这种方法不仅可以提高员工的工作效率，还可以培养他们的团队合作精神。

另一种方法是一对一培训。仅仅进行团体培训，很难精准地指导每名员工。培训者有时也会注意到团体培训的劣势，但往往只是说一句"算了"，并没有采取任何行动；而被培训者则悄悄隐身于人群中，慢慢懈怠下来。这种一对一培训能够弥补以上不足之处，并培养员工独立解决问题的能力。

通过这两种方式，可以培养出优秀的"狼"——无论是否身处团队之中，都能够做好工作的"狼"。

那些无法独自完成工作的人，即使身处团队之中，也很难做好工作。身居上位者应该认识到这一点，并对下属进行教育；身居下位者应该主动寻找自己的引路人，并欣然接受这种一对一培训。

5 基础的事情重复做、用心做

很久以前，我曾向日本职业棒球队——读卖巨人队的总教练川上哲治提出一个问题。川上哲治是一位声望极高的教练，曾连续九年带领读卖巨人队夺得日本职业棒球联赛总冠军。我提出的问题是："您认为一流的职业棒球运动员应具备什么样的条件？"我原本以为川上教练会告诉我"拥有打棒球的天赋"之类的答案，但是他的回答出乎我的意料："好好接球，好好击球，好好投球，就是这么简单。"

我对他的回答有些不满意，因为这毕竟不像高中生打棒球那样随便，哪有他说的这么简单。我做出一副惊讶的样子问他："这样就可以吗？"

川上先生告诉我："放眼巨人队，能同时做到好好接球、好好击球、好好投球的新队员并不多。要知道，如果打不好基础，就不可能成为一名一流的运动员。所以，就算进入职业联赛，如果不主动钻研自己哪里不足，就很难继续走下去。要是一直这样，就是在扼杀自己的职业生涯。"

听完他的话，我恍然大悟。我重新审视了一下当下的商界，发现许多人并没有打下扎实的基础。

商业人士需掌握的基本能力，首先是“用心倾听”和“用心观察”，其次是“用心表达”“用心写作”和“用心思考”。要想彻底锻炼这五种能力，就要像川上先生所说的那样——“主动培养自己的自主性”。不要指望别人告诉你该怎么做，而是要“让自己野蛮生长”。

日本曾录制过一档综艺节目，将艺人们带到了无人岛上生活。于是，艺人们被迫进入“需要独自完成工作”的环境之中。也就是说，节目组为他们提供了前文提到过的“孤独的环境”。

在这种环境下，“我没看到”或“我没听到”这样的理由将变得苍白无力，所以人们不得不更用心去听、用心去看。只有拥有了这些基本能力，我们才能迈向下一个阶段。所以，别急着从一开始就一一教授下属各种细节，这样做只会让他们产生依赖心理。

6 独处时更要自律

《大学》中提到了“慎独”一词。所谓“慎独”，即“在闲居独处中谨慎不苟，无论是否有人在场，都要谨慎从事，自觉遵守各种道德准则”。例如，当我们独自一人在家时，我们会觉得反正没人看自己，随便穿穿就行。这样，我们就会邋邋遢遢地过完一天。

从慎独这一角度来看，这种做法不会给自己带来任何好处，所以并不可取。要知道，自己平时的样子会对“真正的自己”产生极大影响。如果我们平时就表现不佳，那么即使再怎么装模作样，早晚都会露馅。所以，我们在独处时，一定要保持良好的习惯与形象，要保证即使被别人看到自己的样子也不会感到不好意思。可以说，这一小小的习惯是愉快生活的重要前提。

时刻谨记“慎独”，就会让我们“无论身在何处都无所畏惧”，从而让我们更加自信。事实上，当越来越多的目光投向你时，你就会慢慢展现出自己美丽的一面。自信就是这样产生的。对自己来说，这也是一种修炼。

最近我听说，有些年轻人说自己“努力找工作，简历投了五十家公司都没有成功”，以至于产生了轻生的想法。此外，许多商业人士也陷入各种各样的困境之中：“我出门推销却没签下来任何订单”“我提出的策划案一直被否决”。这种状态如果持续下去，就会让人陷入自我怀疑的深渊。反过来说，正是因为人们缺乏自信，所以才会自我怀疑。

我们不能让自己一直缺乏自信，必须及时改正缺点，让自己变得更好。面对不同的人际关系或情境，我们必须做出改变。要知道，如果不锻炼自己做到“慎独”，就无法避免反复失败。

没有公司会聘用一个缺乏自信的人，也没有人会把工作交给一个缺乏自信的人。为了能够自信满满地应对工作中的大事小情，请大家将“慎独”铭记于心，时刻默念“独处才是修炼自己的方式”。

7 成为“幸运之人”

前文我讲完了“击打之神”川上哲治，接下来我要讲讲“经营之神”松下幸之助。我曾有幸与松下幸之助先生见过一面，当时我问道：“您认为出色的经营者应该具备怎样的条件？”我觉得现在的我能提出一个更好的问题，但那时的我还不满 40 岁，提出的问题有些缺乏深度。

他回答道：“当然是运气好。”这个答案也很厉害。的确，一位经营者如果运气不好，那么他的事业就没有那么顺利，也就不会有员工愿意跟随他。松下幸之助的回答可谓鞭辟入里。

但这个答案还不够充实。于是我又追问道：“那如何才能变得运气好？”听完我的问题，他迅速回答：“积德。”

松下先生只用一句话就道出了事物的本质，我不禁对他佩服得五体投地。虽然大家认为运气具有“偶然性”，但好运的积累其实源于“自身的力量”。松下先生告诉我，这种“自身的力量”正是通过积德行善来积蓄的。

那么，什么是积德呢？

积德就是“为了他人，竭尽所能”。但是，我们在行动时不能抱着“我为别人付出了这么多，应该马上就能看到回报”的心态。要知道，这种私欲会赶走我们身旁的好运。

好运并不会从你的帮助对象那里直接回馈给你，而是从其他地方降临到你身上。因此，我们要做的不是竭尽全力帮助某人并期盼回报，而是要面向所有人积德行善。只有不断坚持，好运才能在某个意想不到的时刻降临在我们身上。

以上便是我的看法。我认为，松下先生还想告诉我们：“在陷入绝境时，总会有一叶扁舟驶来，带我们脱离苦海。被施以援手的人，一定是个积德行善的人，也是个拥有好运的人。”

8 调整呼吸，愉快生活

所谓的“大人物”几乎在任何情况下都能保持镇定。他们轻易不会慌张、焦虑、害怕，也不会陶醉在自己的成就中，更不会傲慢到用鼻孔看人，而是会一直保持泰然自若的状态。

我们如何才能变得像他们一样呢？

其中一种方法就是调整呼吸。一般情况下，当情绪波动时，呼吸就会紊乱。为了避免这种情况出现，我们要通过呼吸来控制情绪。呼吸时可以采用“腹式呼吸”，这种方法也被称为“丹田呼吸”，是一种将气息缓慢集中在脐下三寸之处（即道家所说的丹田）的深呼吸方式。

有时我们会感觉血液涌上头部，其实这是一种非常危险的状态。如果“血涌上头”等情况经常出现，会对身体造成巨大的伤害。为了防止这种情况发生，我们需要通过“丹田呼吸”来平复心绪。

《庄子》一书中写道：“真人之息以踵。”这句话是说，真人呼吸能直达脚跟。

我们可以采用这种呼吸方式，来帮助自己的内心时刻保持平静。

“气向上升，血向下流。”如果我们能意识到这一点，并培养良好的呼吸习惯，就能让我们距离成为“大人物”更近一步。

9 用柔软化解困境

提到“变得更强”，我们可能会想象出这样一幅场景：人们在心灵和身体上全副武装，穿着钢铁制作的铠甲，顶着生活中的暴风雨，像一名坚强的战士一样勇敢前行。然而，真正的强大却与这一印象刚好相反。真正的强大是用柔软化解困境、吸收冲击，像弱小的单细胞动物一样慢慢前进。

即使我们身披铠甲、全副武装，一旦遭遇到铠甲无法抵御的伤害，我们还是可能陷入进退维谷的困境，甚至会被击飞。这就好比在大风中，即使是苍劲的橡树也可能被吹倒。也就是说，刚强有其局限性。相反，像柳树一样柔弱的树木却可以通过弯折来承受强风。日语中有“风中之柳”这一俗语，用迎风而倒的柳树来比喻毫不反抗、全面接受之意。

实际上，刚强的极致是柔弱。《老子》一书中写道：“强大处下，柔弱处上。”坚硬而庞大的东西往往处于劣势，柔软而脆弱的东西往往处于优势。这就是自然法则。

我仿佛从这段文字中听到了老子的声音：“你是不是在努力做大做强？你不应该这样做，这样做早晚会毁了你自己。

你更应该‘柔软’一些。只有这样，你才能真正变得强大。”

呱呱坠地的婴儿是那么柔软，那么富有生命力。但是，人类在走向死亡的旅途中，却变得越来越坚硬。万物皆如此，植物的嫩芽是柔软而富有弹性的，但叶子到了枯萎的时候，就会变得干枯并会碎成粉末。

老子在观察了世上生灵后得出这样一个结论：“故坚强者死之徒，柔弱者生之徒。”按照这个观点，可以说过度追求刚强是一种自毁行为。相比之下，我们最好能像婴儿那样保持柔软，或许这才是真正强大的生活方式。

第七章

提高『幸福敏感度』

1 问题的根源在于自身

大家可能会觉得，在小酒馆等地方发发牢骚是一种很解压的行为。但实际上，这种想法大错特错。

我并不是让大家“永远都不要抱怨”，在轻松愉快的聊天氛围中，适度地发发牢骚没有任何问题。这种方法的确会帮助我们暂时释放内心的压力，让我们的心情变得好起来。但是，我们必须清楚地认识到，发牢骚并不能帮助我们改变现状。

发牢骚是一种将自己的不如意归咎于他人，以发泄不满情绪、减轻内心负担的方式。然而，我们无法控制他人，也不能按照自己的意愿去操控他人行动，更不能凭借自己的力量来操控社会或公司。除非我们主动去改善现状，否则事态绝不会扭转。此外，如果在心里反复抱怨，会让自己感到非常不适，也会让幸福逐渐离我们远去。

因此，我们要做好思想准备，接受一个非常重要的事实：我们遇到的所有问题，根源都在于我们自身。简而言之，我们要转换思维，不要总是想着“是别人的错”来责备别人，而是应该想着“是自己的错”来自我反省。

这样会推动我们积极思考问题的解决方法，并催促我们及时采取行动。我们会清楚地认识到：**我不能控制别人，但可以控制自己，要让自己行动起来。**也就是说，我们要通过自身的行动来摆脱抱怨，然后才能迎来幸福。

有句俗语说得好：“以春风待人，以寒风自待。”对待他人要像春风般温暖，对待自己要像秋霜和烈日般严酷。请人家将这句名言牢牢地记在心中，时刻警醒自己。

2 幸福来自“觉得幸福”的瞬间

幸福和不幸福的判断标准非常主观。

一个人可能看似一帆风顺、无比幸福，但若是这个人的内心充满了压抑情绪，他可能会觉得自己并不幸福。相反，一个人可能一贫如洗，或者正从事一份看似痛苦的工作，但他可能过得很幸福。总而言之，当一个人在某一瞬间认为自己幸福时，他就会真的变得幸福。

据说在日本江户时代，外国人来到日本后都会惊讶地感叹道：“原来这个国家这么贫穷。”然而，当他们看到日本人的生活后，却发现日本人并非像他们想象中那般不幸。这是为什么呢？

这些外国人在思考之后得出了这样的结论：“这个国家的人在精神层面得到了极高的满足，所以他们可以忍受物质上的贫困。”

听完这个故事，我开始坚信日本人具有较高的“幸福敏感度”。然而，现在的日本人似乎太注重金钱和物质方面的满足，“幸福敏感度”开始逐渐下降。

正如日本俳句之圣松尾芭蕉所说："日本人的生活与四季同在。"我们这些现代人也应该重新"感知四季交替，品味春夏秋冬"，并细细品鉴其中的奥秘，至少可以让我们避免陷入处处竞争的泥沼之中，帮助自己远离不幸。让我们不会再认为"不打败别人就过不上幸福的生活"，或是"不存很多钱就不会幸福"。

我们可以从生活中感知四季。例如，吃到时令蔬菜时，我们会对它们的味道赞不绝口；抬头仰望夜空时，我们会感叹月亮的皎洁和夜晚的宁静；和家人共享天伦之乐时，我们会感受到家庭的温馨，让心灵回归宁静。当你从大自然和生活中的一些细微之处感受到小小的快乐时，就会从心底感到幸福。

只有拥有一颗善于感受的心，才能感受到这些小小的快乐。如果大家能不断提高自身的"幸福敏感度"，那么每个人都能过上幸福愉快的生活。

《老子》一书中提到了"知足者富"。它告诉我们，不管处于什么样的状况中，都要对当前的环境感到满意和感激。在这一基础上，我们将找到幸福快乐生活的秘诀。

我也经常这样告诫自己。为了时刻谨记老子"知足者富"的教诲，我给我的爱犬取名为"富贵"。每次喊"富贵"时，我都会沉浸在幸福中：我已经有了这么可爱的狗，还想要什么呢？换句话说，生活中一些小小的欲望，将为我们带来大大的幸福。

多亏了这一切，我现在才能过着非常快乐的生活。不瞒大家说，我在60岁之前并不是那么快乐，但是我一直喊我的小狗“富贵、富贵”，这让我终于在年逾花甲之际成了一个内心满足的人。

正在读这本书的你，可能也觉得现在的生活并非那么愉快。若是这样的话，你也试着用“知足者富”来告诫自己吧。随着时间的流逝，你会发自内心地感受到人生是一场愉快的旅途。老子的“知足者富”，正是处理欲望的终极之道。

3 可以改变明天的生活方式

人生可大致分为两种，一种是“浪费型”，一种是“积累型”。所谓“浪费型”，即年龄越大越穷酸；“积累型”则会让人生随着年龄增长逐渐变得丰富多彩。哪一种人生更好呢？

答案不言而喻。很明显，“积累型”人生更有价值。随着经验和知识的积累，人生会变得更加丰富多彩、耀眼夺目。人如果不这样度过一生，就失去了生活的意义。

一个人可能在年轻时拥有满腹经纶，潇潇洒洒地过完一天又一天。但是，这个人一旦开始心生懈怠并止步不前，他的满腹才华就会逐渐消失，最终只能迎来一个悲惨万分的晚年。读到这里，大家可能会问：那我们该怎样进行积累呢？

这件事其实不难。一年有365天，我们可以养成每天都反省自身的习惯。中国的古代著作一直在强调：“要时刻反省自己的言行，思考自己该如何生活。”

《孟子》中出现的“自反”一词可谓极具代表性。孟子曰：“自反而缩，虽千万人，吾往矣。”意思是，我在反省后，若还是觉得自己做得对，那么即使有千万人向我提出异议、发出责难，我也会坚定不移地走自己的路。

“自反”的“反”字，意思是“反省”。“省”字同样有“反省”之意。换句话说，“自反”的意思是“反省自己，矫正不良行为”。例如：

- 我刚才不应该和那个人说那么多。我以后要注意自己的言辞。
- 我在那项工作上花费了太多时间。我应该提高自身的工作效率。
- 那时候我怯场了。太可惜了，我应该更自信一些。
- 下午没好好工作，有点懒散。我应该找回工作状态。
- 今天的商务谈判失败了。我光顾着自己说话，都没怎么听对方的意见。下次我一定要争取挽回一下。

我们应该像这样，把那些不好的事情都留在今天。即使今天过得很艰难，我们也要打起精神迎接崭新的明天。

大家可以用这种思考方式来拥抱美好的明天。你可以找一个安静的环境，静静地思考、自省。我相信，长此以往，你一定会实现厚积薄发。

4 学会表扬自己

我们除了要反省自己的不足之处，还要表扬自己的优点。要知道，被别人表扬也许很难，但被自己表扬却很简单。即便是被自己表扬，也会让我们心情愉悦。

从 30 多年前开始，我每晚都会花上五分钟的时间，独自安静地回顾过去的一天，并进行自我反省。反省完自己后，我会主动表扬自己一两句。

每个人每天都会有一两件想要表扬自己的事情。当然，表扬自己也无须太过夸张。

- 我真厉害，按时完成了今天的工作。
- 我今天犒劳了工作努力的下属，他们可高兴了。
- 我中午一直都吃大碗的米饭，但今天克制住了食欲。我可太棒了！明天我要继续坚持下去，给自己减肥，给钱包增肥。
- 我在地铁上给老人让了座。
- 我遇到了一个迷路的外国游客，用蹩脚的英语告诉他怎么走。

- 我说了一个笑话，瞬间活跃了气氛。

这些看似微不足道的事情都值得赞美。通过表扬自己来结束一天的反省，可以让我们带着愉快的心情进入宁静而舒适的梦乡之中。

表扬自己还有一个好处，就是在面对“回顾一下你的人生，你认为这一辈子过得如何”之类的问题时，我们可以毫不犹豫地回答：“我的人生充满了赞美。”

要知道，这并不是在说谎，因为我们每天都在表扬自己。仅仅是如此自豪地回答，也能让我们觉得自己拥有的是一个愉快的人生。

5 追求“绝对自由的境界”

孔子终身学习，但年过七旬才达到“七十而从心所欲，不逾矩”的境界。这一境界是指在随心所欲生活的同时，不给他人添麻烦、不违背道义。

这种境界真的很了不起。通常来说，过于随心生活的人大多都比较自私，会给别人带来麻烦。然而孔子却能通过不断学习，使自己在社会人际关系中如鱼得水。因此，他能在平时就“不逾矩”地生活。

孔子这样的大人物尚且用了七十年才达到这个境界，我们普通人就需要花费更多的时间了。不过，我们可以把这个境界当作我们的奋斗目标，这会让我们的生活变得更加愉快。

我将这种境界称为“绝对自由的境界”。具体来说，就是尽管身处纷繁复杂、物欲横流的世界，却能让自己如同独自置身于静谧的深山中。实际上，在这一境界下，即使不去隐居，也能在当下环境中屏蔽所有纷扰，按照自己的想法自由自在地生活。另外，我发现，在这个快节奏的社会中，人们开始悄悄关注起茶道和东方思想等相关的事情。

这个“绝对自由的境界”中包括“名人和高手的境界”。只有享受苦难，并通过苦难打磨自身，进而追求卓越，才能达到这一境界。在外人看来，这些人更像是不断修炼的苦行僧；但对这些人来说，因为他们一心向往着“绝对自由的境界”，所以付出汗水并不是一件痛苦的事情。

可以说，人生是一个“追求卓越的舞台”。如果我们足够长寿的话，也许就能在近百年的生命中成为某个领域的顶尖高手，或者拥有更完美的生活方式。若能在这个过程中达到“名人和高手的境界”，我们的人生就会取得巨大成功，我们也会从中获得闯关成功的快乐。这样想想，你是不是也迫不及待地想要达到这个境界了呢?

老庄思想让我们“卸下压力，轻松生活”，但绝不是让我们“懒散下来”。这一思想的内在含义是：“人们要听从内心的声音，按照内心的指示生活，创造‘道’一般的伟业。”

只有达到了“绝对自由的境界”，才能做到这一点。人们在年轻的时候都会经历痛苦，但你只要坚信自己正在朝着一个美好的境界努力，你的人生就会变得愉快。也就是说，你努力的过程和你的整个人生都将充满愉悦。

或许你已经走投无路，但“山重水复疑无路”其实正是达到“绝对自由的境界”的前提之一。请欣然接受这一现实，并继续开辟你的未来之路吧。

6 怎样才能保持心怀壮志？

如果有人问我成功是什么，我会告诉他："成功就是心有所志，愉快生活。"就是这样简单。

虽然我已经反复说明过这一点，相信各位读者也能明白，但这还不够。在这里，我想进一步说明一下："我们还要终生奋斗，要愉快地生活，直到我们离开人世的那一天。"也就是说，我认为"在壮志未酬的时候离开人世"才是最幸福的。

比如说，你昨天实现了你的愿望，大家都来祝贺你。但到了第二天，你可能会陷入迷茫，不知道该如何度过接下来的人生。你会失去动力，开始浑浑噩噩地虚度光阴。这样的话，我们就不会在撒手人寰之际觉得"这一辈子过得可真快乐"。从实现了愿望的那一刻起，你的人生就不再充满愉悦。

人们常说那些"壮志未酬就离开人世"的人"一定充满了遗憾"。真是大错特错！到了生命的最后时刻还能心怀大志并快乐地生活，可谓是最大的幸福。

我们要知道，志向本身没有所谓的"终点"。比如说，我们想"为社会、为他人倾尽全力"，或是"探索某方面的道路”“磨砺自己的性格”。这些事情并不是说达到某个程度就可以结束，而是要一直坚持做下去。

无论走到哪里，都有需要我们去做的事情，对吧？

最后，我衷心祝愿大家永远都能心有所志，巧妙地处理欲望，一辈子过上“愉快的生活”。